# 绞合型碳纤维复合材料芯架空导线

李锐海　主　编
樊灵孟　董旭柱　朱　砚　尹芳辉　廖永力　郑丹楠　副主编

中国电力出版社
CHINA ELECTRIC POWER PRESS

## 内 容 提 要

绞合型碳纤维复合材料芯架空导线是新一代的碳纤维复合材料芯导线，具有抗弯安全性能好、重量轻、拉力大、耐高温、弧垂低、损耗小、耐腐蚀等技术特点，是碳纤维复合材料在输电领域的创新应用。

本书共分6章，分别是碳纤维复合材料芯导线综述、绞合型碳纤维复合材料芯导线制造、绞合型碳纤维复合材料芯性能、绞合型碳纤维复合材料芯导线性能、绞合型碳纤维复合材料芯导线施工和绞合型碳纤维复合材料芯导线应用。

本书可供从事输电线路设计、生产制造、运行维护等相关专业人员阅读，也可为碳纤维复合材料芯导线研究和应用的人员提供参考。

**图书在版编目（CIP）数据**

绞合型碳纤维复合材料芯架空导线/李锐海主编．—北京：中国电力出版社，2022.12
ISBN 978-7-5198-7046-1

Ⅰ.①绞… Ⅱ.①李… Ⅲ.①碳纤维增强复合材料—架空导线 Ⅳ.①TM24

中国版本图书馆CIP数据核字（2022）第175512号

---

出版发行：中国电力出版社
地　　址：北京市东城区北京站西街19号（邮政编码100005）
网　　址：http：//www.cepp.sgcc.com.cn
责任编辑：罗　艳（010-63412315）　马雪倩
责任校对：黄　蓓　郝军燕
装帧设计：张俊霞
责任印制：石　雷

---

印　　刷：三河市万龙印装有限公司
版　　次：2022年12月第一版
印　　次：2022年12月北京第一次印刷
开　　本：710毫米×1000毫米　16开本
印　　张：8.75
字　　数：133千字
定　　价：68.00元

---

# 编写人员名单


主　　编　李锐海

副 主 编　樊灵孟　董旭柱　朱　砚　尹芳辉　廖永力
　　　　　郑丹楠

编写人员（排名不分先后）

王黎明　王清明　沈楚莹　张　勇　何锦强
陈蔚卓　孟晓波　胡雨婷　党　朋　龚　博

# 前言

随着国内经济的增长形势，发达经济地区的负荷增长需求明显，大量电力线路需要增容改造，同时也有建设大容量输电线路的需要，碳纤维复合材料芯导线由于其耐高温、弧垂低、损耗小等优势特点，在增容改造线路工程中，可实现完全不需要改造铁塔或少量改造铁塔，达到节省工期、造价低等效果。但碳纤维复合材料芯导线相比传统钢芯导线，应用量和运行经验较少，大多电力工作者都不熟悉该类型导线，因此，潜在应用该导线的电力技术工作者有了解的需求。

绞合型碳纤维复合材料芯架空导线是新一代的碳纤维复合材料芯导线，相比较于早期碳纤维复合材料芯导线，绞合型碳纤维复合材料芯导线抗弯性能更好，配套金具和施工技术经济性更佳。在国内，绞合型碳纤维复合材料芯导线于 2010 年由南方电网科学研究院有限责任公司、广东鑫源恒业电力线路器材有限公司自主研发成功，打破了日本东京制纲株式会社等企业国外技术垄断。2013 年，国内首次在海南电网有限责任公司海口供电局 220kV 福丰Ⅰ线的增容改造项目中应用，至今运行良好，是一个典型的创新案例。绞合型碳纤维复合材料芯导线国产化技术成果获得了 2019 年中国机械工业科学技术奖二等奖、2018 年中国电力创新奖二等奖、2018 年中国电工技术学会科学技术奖二等奖、2016 年中国南方电网公司科技进步奖一等奖，产品进入了中华人民共和国工业和信息化部“2025 中国制造”项目、国家电网基建新技术目录、南方电网新技术推广目录等。目前，绞合型碳纤维复合材料芯导线已在海南、贵州、云南、广东等南方电网区域和国外（蒙古、波兰、印尼等）线路改造工程应用。

随着绞合型碳纤维复合材料芯导线的工程应用，已形成了 Q/CSG 1203060—2019《绞合型复合材料芯架空导线》、T/CEEIA 428—2020《碳纤维复合材料芯架空导线施工工艺及验收导则》、NB/T 11022—2022《架空导线用绞合型碳纤维复合材料芯》和 NB/T 11023—2022《绞合型碳纤维复合材料芯架空导线》等。鉴于绞合型碳纤维复合材料芯导线具有广阔的应用前景，国内有关的书籍尚属空白。本书汇集了中国南方电网有限责任公司科技项目研究成果，旨在对绞合型碳纤维复合材料芯架空导线技术进行介绍，内容将涵盖背景、制造、性能、检测、施工、适用范围、技术经济性及应用情况，帮助电力工作者全方位了解和使用该类型导线。

本书在编写过程中得到南方电网科学研究院有限责任公司、中国南方电网有限责任公司、武汉大学、广东鑫源恒业电力线路器材有限公司、清华大学深圳国际研究生院、海南电网有限责任公司、上海电缆研究所有限公司等单位和人员的大力支持，提供了非常难得的素材和相关资料，并提出了十分宝贵的建议和意见，再次表示衷心感谢。

由于编者水平和经验有限，难免有疏漏之处，望读者批评指正，以便及时进行修正。

**编　者**

2022 年 10 月

# 目 录

# 1 碳纤维复合材料芯导线综述

碳纤维复合材料芯导线近年来在国内外得到了快速的发展，国内在吸收、借鉴国外研究经验和研究成果的基础上开展大量基础性研究，取得了一系列先进成果，研发了两类碳纤维复合材料芯导线：一类是棒型碳纤维复合材料芯导线（aluminum conductor composite core，ACCC）；另一类是绞合型碳纤维复合材料芯导线（aluminum conductor stranded carbon fiber composite cable）。这种新型复合材料芯导线充分发挥了有机复合材料的特长，与现有的各种架空导线相比，具有重量轻、强度大、耐高温、耐腐蚀、线损低、弧垂小、降低线路造价等优点。在输送相同容量的条件下，碳纤维复合材料芯导线相比传统钢芯导线可减少线损，节约输电走廊，是提高输电线路单位输送容量和减少温室气体排放的优选导线，也是推动新型电力系统建设和绿色低碳技术发展的有效途径。

## 1.1 棒型碳纤维复合材料芯导线

### 1.1.1 棒型碳纤维复合材料芯导线特点

棒型复合材料芯软铝导线最早由美国 CTC 公司于 2004 年研制成功并应用于试验线路，其芯线是由碳纤维为中心层和玻璃纤维包覆制成的单根芯棒；导体为梯形、S/Z 形等截面的铝线股。国内远东电缆有限公司、中复碳芯电缆科技有限公司、河北硅谷化工有限公司、江苏南瑞斯特斯复合材料有限公司等企业引入并消化美国 CTC 公司棒型复合材料芯软铝导线技术，都能生产同类产品，在国内也有较多应用案例。

ACCC 导线的芯线是由碳纤维为中心层和玻璃纤维包覆制成的单根芯棒，外层与邻外层铝线股可根据不同要求制成型线或圆线，材质可为耐热铝合金或软铝合金等。由于芯棒的外表面为绝缘体的玻璃纤维层，芯棒与铝股之间不存在接触电位差，可以保护铝导线免受电腐蚀。这种碳纤维芯导线已完成了各种型式试验。型式试验包括机械全性能、应力-应变特性曲线、蠕变、线膨胀系数、载流量、自阻尼和高温特性等。试验结果表明该导线具有良好的机械和电气特性，特别是验证了高温条件下的低弛度特性。棒型复合材料芯软铝导线结构如图 1 - 1 所示。

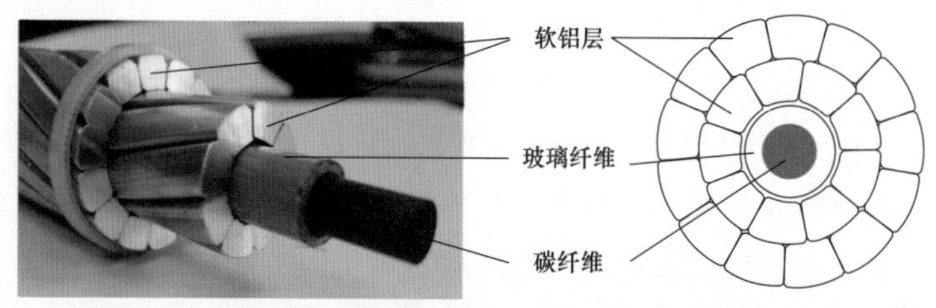


图 1 - 1　棒型复合材料芯软铝导线结构示意图

ACCC 导线结构与普通钢芯铝绞线（aluminum conductor steel reinforced，ACSR）结构对比如图 1 - 2 所示。在机械强度方面，一般钢丝的抗拉强度为 1240MPa，高强钢丝为 1410MPa，由于 ACCC 导线采用碳纤维芯棒承受拉力，强度高，其抗拉强度在 2100MPa 以上。在导线重量方面，与常规的 ACSR 导线相比，在相同的外径时，ACCC 导线外层允许缠绕超过 29%的导电铝型线；在相同铝截面时，ACCC 导线重量与常规的 ACSR 导线相比轻 10%～15%。在线路损耗方面，ACCC 导线导电部分软型铝的电导率达到 63%国际退火铜标准（international annealed copper standard，IACS）以上，相同温度运行时与常规的 ACSR 导线相比综合减少线路损耗 6.3%。在导线弧垂特性方面，ACCC 导线在拐点温度以下和以上都具有良好的弧垂特性，无论在正常运行状态还是达到极限运行状态，其弧垂相比常规的 ACSR 导线的弧垂要小很多。在线路载流量方面，在相同外径时，按照国内气象参数，当 ACCC 导线使用温度达到 140℃时载流量是钢芯铝绞线的两倍。因此，在旧线路改造中，由于 ACCC 导

线自重轻、弧垂小，可以不更换杆塔，利用现有线路走廊，成倍增加单位走廊的输送容量。在实际应用中，ACCC 导线也存在一些缺点，ACCC 导线芯棒抗弯曲能力较差，在施工过程中易折损，对施工技术要求较高；ACCC 导线配套特制楔形金具，成本较高，需对安装人员进行培训。

图 1－2　ACCC 导线（左）与 ACSR 导线（右）对比

针对 ACCC 导线的一些技术缺点，近年来，出现了改良的碳纤维包覆芯导线，该种导线以铝包覆层代替 ACCC 导线的玻璃纤维层，使得铝包覆层与碳纤维复合材料芯直接接触。该种导线结构通过预张力处理可优化碳纤维复合材料芯棒的抗弯曲性能，并实现配套金具和施工工艺与钢芯铝绞线保持一致。碳纤维包覆芯导线目前应用较少，其稳定性需进一步工程应用检验。ACCC 导线与碳纤维包覆芯导线抗弯折性能对比如图 1－3 所示。

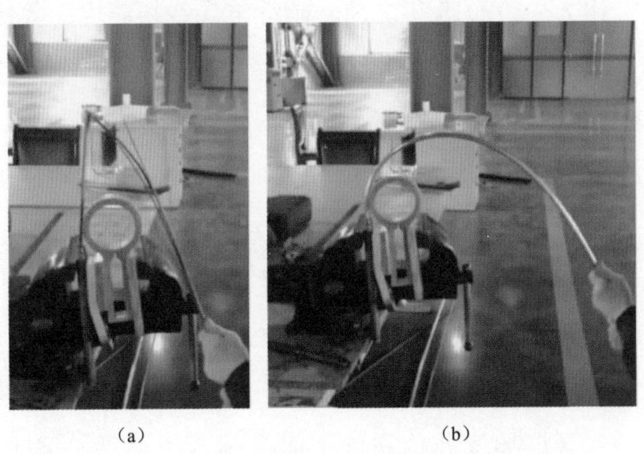

(a)　　(b)

图 1－3　ACCC 导线与碳纤维包覆芯导线抗弯折性能对比

(a) ACCC 导线；(b) 碳纤维包覆芯导线

### 1.1.2 棒型碳纤维复合材料芯导线应用

在国外，美国从 2004 年 8 月开始在得克萨斯州 3.2km 长的 230kV 输电线路上安装了 ACCC 导线，而后又在密歇根州荷兰镇 1.6km 共 3 档的 12.74kV 配电线路上置换安装了 ACCC 导线。2005 年 11 月在亚利桑那州凤凰城和犹他州盐湖城的 230kV 线路等输电线路上安装了 ACCC 导线。2006 年，在美国西部地区圣安东尼奥和加利福尼亚州的 230kV 线路等多条输电线路上安装了 ACCC 导线。美国堪萨斯州的金曼市架设的一条 34km 长的 34.5kV 输电线路全部使用了 ACCC 导线。截至目前，ACCC 导线已有超 6 万 km、40 个国家的应用规模（最长投运时间达 10 年以上）。

在国内，2006 年 7 月，福建龙岩长度为 5.2km 的 220kV 线路改造工程采用了美国 CTC 公司生产的 ACCC 导线，总投资 550 万元，是国内第一条采用碳纤维复合材料芯导线的 220kV 输电线路。2009 年上半年国内建成投运的万泉-顺义 500kV Ⅲ回送电线路工程中有 1.5km 线路采用了碳纤维复合材料芯导线，这是国内首条应用碳纤维复合材料芯导线的 500kV 输电线路工程。2006～2008 年，国内安装了近 7000km 的 ACCC 导线，初期主要为进口美国 CTC 公司生产的导线，而后逐渐国内制造厂家实现了国产化，并开始规模化的应用，以增容改造或扩建为主。2015 年之前，碳纤维导线线路电压等级以 110kV 和 220kV 为主，2015～2018 年开始大量应用于 500kV 线路。2019 年，在特高压 1000kV 大唐锡林浩特电厂的送出工程线路工程中使用。

ACCC 导线因芯棒轴向耐压不足、抗弯曲能力差在使用过程中出现了多起断线故障。经过对国内 13 次 ACCC 导线发生的异常情况统计，其中，发生断线 7 次（500kV 线路 2 次，220kV 线路 5 次），占比 53.8%；发生线夹断裂 1 次，占比 7.7%；发生松股缺陷 3 次，占比 23.1%；出厂试验不合格 1 次，占比 7.7%。断线事故多出现在导线耐张线夹出口附近，主要原因是施工工艺不符合规范要求，ACCC 导线芯棒在施工时受损，投运后缺陷扩大导致断线。2017 年 4 月，棒型碳纤维导线在国网江苏省电力有限公司某 500kV 线路进行了全线应用（线路长度 78km），但在 2017 年 12 月即发生了断线问题，断线位

置在离耐张线夹 10m 左右的位置，恰好是紧线时固定卡线器的地方，故障原因判断主要为施工质量造成。国外部分线路应用 ACCC 导线也存在类似的案例。2008 年，波兰 Kozienice - Mory 220kV 线路应用 ACCC 导线，在架设运行数月后 3 处断裂，其原因在于 ACCC 导线在安装过程中，滑轮直径过小、张力过大，导线过度弯曲导致芯棒损伤。印度尼西亚应用的 ACCC 导线在架设运行 10 天后断裂，其原因在于碳纤维芯棒对径向力（弯曲，扭转）敏感，在施工过程中受力过大而受损。

## 1.2 绞合型碳纤维复合材料芯导线

### 1.2.1 绞合型碳纤维复合材料芯导线特点

20 世纪 90 年代，日本昭和电线电缆株式会社、东京制纲株式会社和东北电力株式会社共同开发了一种称为碳纤维芯铝绞线（aluminum conductor fiber reinforced，ACFR）的低弧垂导线，主要用于解决现有架空输电线路导线弧垂过大、对地净距不足的问题。ACFR 导线按导电体的不同，可分为三类：第一类是在碳纤维复合绞线（carbon fiber composite cable，CFCC）芯的外层采用硬铝导体（hard aluminum line，HAL）的普通型 ACFR，其持续耐热温度为 90℃；第二类是 CFCC 芯的外层采用耐热性铝合金线（thermal - resistant aluminum line，TAL）的耐热型碳纤维芯铝绞线（thermal - resistant aluminum conductor fiber reinforced，TACFR），其持续耐热温度为 150℃；第三类是 CFCC 芯的外层采用软铝型线，其持续耐热温度达 160℃以上。三类导线的区别在于外层导电体的耐热性能不同。

CFCC 芯主要由碳纤维（丝）和基体树脂组成，其在制造中首先将直径为 7μm 的 12K 根单丝绑扎成一束，将热固性树脂基体（改性环氧树脂或双马夹酸树脂）渗入到线束中，然后再将有机纤维覆盖在表面来制备条状材料，这样就制成了 CFCC 的股线，其外径与钢骨相同。另外，一定数量的线股绞合在一起，再将树脂热固，就形成了 CFCC 碳纤维复合绞线。日本生产的 ACFR 如图 1 - 4 所示。

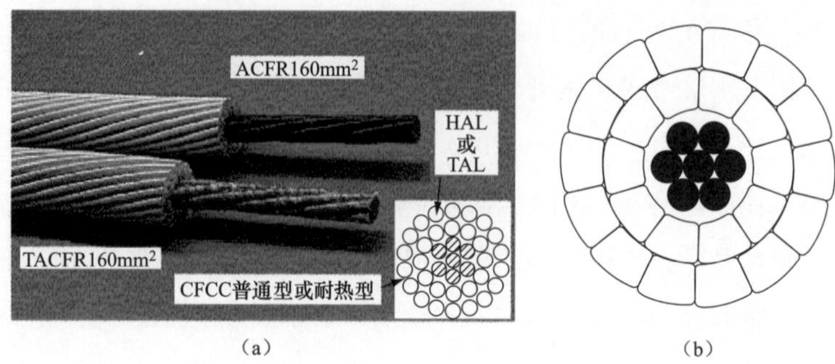


(a) (b)

图 1-4　日本生产的 ACFR 导线样品

(a) ACFR 导线实物；(b) ACFR 导线结构

日本的 ACFR 导线已在日本东北电力公司有两条 66kV 实验线路，分别于 2002 年和 2003 年投运，一条有四个耐张段，另一条有两个耐张段。但由于日本的改建线路极少，原有线路大多采用耐热铝合金导线，因此碳纤维复合材料芯导线在日本未能得到大规模应用。

2014 年，美国南方线缆公司研发了一种新型碳纤维架空导线（C7），导线结构如图 1-5 所示。该导线芯体为多股连续纤维增强热塑性塑料线材组成，

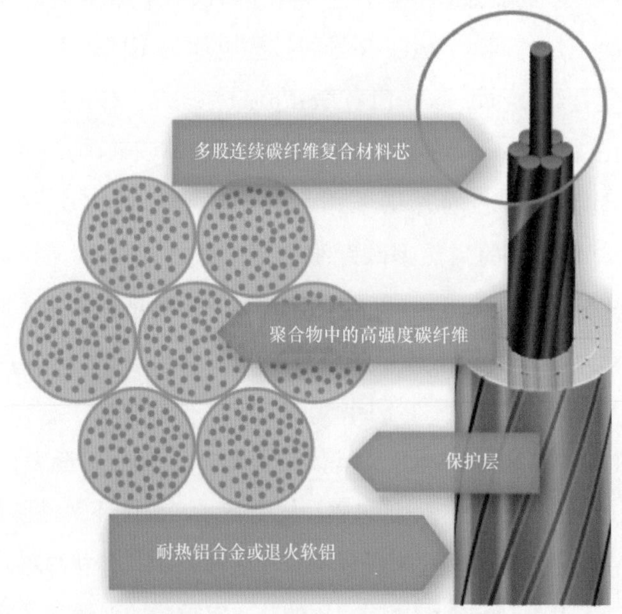


图 1-5　美国的 C7 架空导线

所使用的复合材料成分与日本 ACFR 导线有所不同，是由碳纤维与一种新型高性能热塑性树脂（耐高温聚苯硫醚基体）复合，外覆高性能聚醚醚酮，与相同直径的钢芯铝绞线相比，具有质量轻、热膨胀和弧垂度小等特点、能够耐 180～225℃高温，在严苛使用条件下寿命超过 40 年。

目前国内具备生产绞合型碳纤维复合材料芯导线的厂家较少。广东鑫源恒业电力线路器材有限公司于 2012 年自主研发了 7 股绞合型碳纤维复合材料芯导线（aluminum conductor multi - strand carbon fiber core，ACMCC）以及配套的金具；配套的耐张金具及接续管采用常规导线的压接方式。该导线芯体是由多股碳纤维复合材料芯线绞制而成的复合材料绞线芯，导体为梯形、S/Z 形等截面的软铝线股。绞合型复合材料芯软铝导线结构如图 1 - 6 所示。

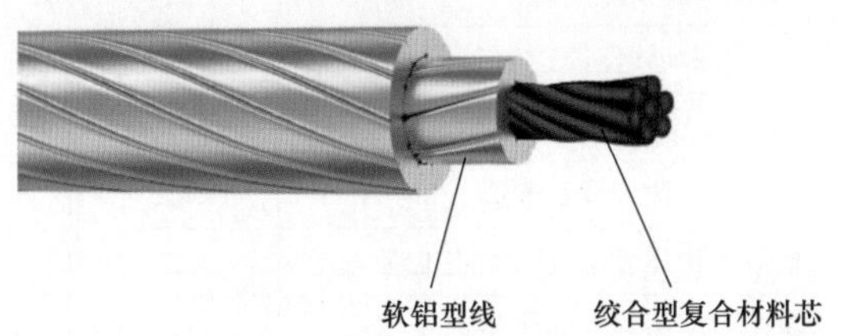


图 1 - 6　绞合型复合材料芯软铝导线结构示意图

绞合型碳纤维复合材料芯导线与常规钢芯导线相比具有一系列特点和优点。ACMCC 碳芯的质量是常规钢芯的约 1/5，线膨胀系数约为 1/12；ACMCC 导线与现有的各种常规架空导线相比，具有重量轻、抗拉强度大、耐高温、耐腐蚀、能耗线损低、低弧垂特性、蠕变小等优点；软铝型线传导介质导电率好，比同尺寸的钢芯铝绞线增加了 2～3 倍的载流量；ACMCC 碳芯在提高导线强度、降低导线重量和弧垂方面具有突出的优点；当导电体采用耐热铝合金线或退火软铝时，可得到耐热性能更好地 ACMCC 碳芯导线，在降低导线弧垂的同时，提高导线的载流量。

该种导线在国内属于新型导线，其技术性能及施工方案等方面与传统导线有所不同，Q/CSG 1203060.1—2019《绞合型复合材料芯架空导线　第 1 部分：导线技术规范》和 T/CEEIA 428—2020《碳纤维复合材料芯架空导线施工工艺及验收导则》，其内容基本包含了产品及施工的内容。

### 1.2.2 绞合型碳纤维复合材料芯导线应用

ACMCC 导线从 2012 年开始在国内外 110～220kV 线路应用，投运线路长度约 242km，在建线路长度约 118km。截至目前，国内 ACMCC 导线线路情况见表 1-1，国外 ACMCC 导线线路情况见表 1-2。

**表 1-1　　国内 ACMCC 导线线路情况**

| 序号 | 工　程　名　称 | 电压等级（kV） | 投产时间（年） | 线路长度（km） |
|---|---|---|---|---|
| 1 | 广东清远朗龙甲线改造 | 110 | 2012 | 0.3 |
| 2 | 海南海口福丰Ⅰ线改造 | 220 | 2013 | 18.91 |
| 3 | 海南西环高铁三电迁改 | 220 | 2014 | 1.39 |
| 4 | 广东深圳线路改造 | 110 | 2018 | 1.55 |
| 5 | 广西南宁线路改造 | 110 | 2018 | 5.01 |
| 6 | 广西横县—谢圩线路改造 | 110 | 2018 | 5.1 |
| 7 | 广西扶绥琦泉生物质发电项目线路工程 | 35 | 2019 | 2.24 |
| 8 | 贵州黄家山—杉树林Ⅱ回线路工程 | 110 | 2019 | 0.71 |
| 9 | 广东肇庆旺马甲线、旺北线双回线路工程 | 110 | 2020 | 5.5 |
| 10 | 云南盘龙输变电工程 | 110 | 2020 | 4.8 |
| 11 | 贵州红香Ⅰ回线路增容改造工程 | 220 | 2021 | 33 |
| 12 | 广东罗北乙线增容改造工程 | 500 | 2022 | 1.1 |

**表 1-2　　国外 ACMCC 导线线路情况**

| 序号 | 工　程　名　称 | 电压等级（kV） | 投产时间（年） | 线路长度（km） |
|---|---|---|---|---|
| 1 | 波兰 Przeworsk - Przemysl 线路改造工程 | 110 | 2019 | 39 |
| 2 | 印度尼西亚巴登岛工程 | 220 | 2017 | 5.71 |
| 3 | 蒙古国乌兰巴托架空线路 | 110 | 2019 | 52.1 |
| 4 | 菲律宾线路改造工程 | 110 | 2019 | 0.78 |
| 5 | 波兰 Lancut - Przeworsk 线路改造工程 | 110 | 2019 | 21.3 |
| 6 | 波兰 Byczna - Jaworzno 线路改造工程 | 110 | 2018 | 39.2 |
| 7 | 波兰 Zydowo - Szczecinek Marcelin 线路改造工程 | 110 | 2020 | 40.2 |

## 1.3 棒型和绞合型碳纤维导线对比

与棒型复合材料芯软铝导线相比，绞合型复合材料芯软铝导线采用绞合型碳纤维复合材料芯作为导线的承力体，主要区别有以下两点：

(1) 传统钢芯铝绞线、棒型和绞合型碳纤维复合材料芯导线的弯曲半径分别约为20倍、40倍和30倍导线直径。绞合型碳纤维复合材料芯导线在弯曲和自转时都具有较好的柔软性和弹性，相比棒型复合材料芯导线抗弯性能更好，可减少施工过程中由于弯曲半径不满足要求导致碳纤维复合材料芯受损的情况发生。

(2) 棒型碳纤维复合材料芯导线采用楔形自锁原理的新式耐张线夹和接续管，其结构复杂，价格较高（为常规导线的6～8倍），施工有一定难度，棒型碳纤维复合材料芯导线配套金具如图1-7所示。绞合型碳纤维复合材料芯导线的耐张线夹和接续管与传统导线相似，均由钢锚和铝管组成，并在钢锚和复合材料芯之间增加保护用铝衬管，采用常规的压接工艺，施工相对简单，价格便宜（为常规导线的2～3倍），绞合型碳纤维复合材料芯导线配套金具如图1-8所示。

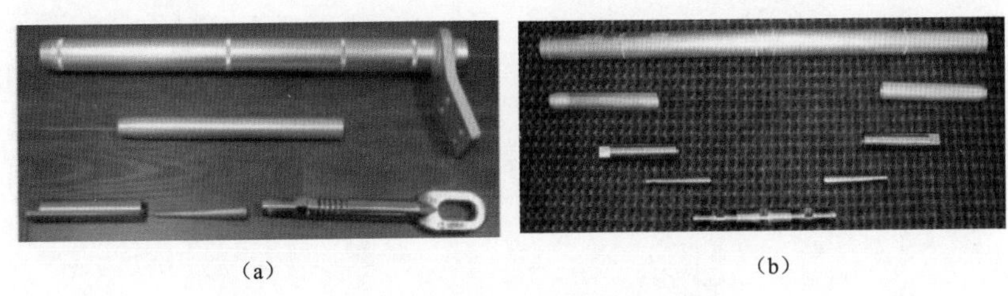

(a) (b)

图1-7 棒型碳纤维复合材料芯导线配套金具

(a) 耐张楔形线夹；(b) 接续管

总体上来讲，ACMCC导线应用较ACCC导线晚，在技术成熟度方面两者相近，均具有较好的耐高温、低弧垂性能，可通过更换导线增大线路输送容量，减少线路杆塔改建。但相比常规钢芯导线，碳纤维复合材料芯抗弯性能仍

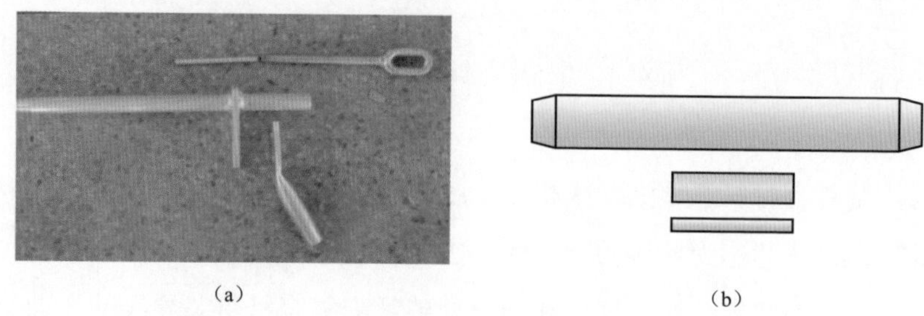
(a) (b)

图 1-8　绞合型碳纤维复合材料芯导线配套金具

(a) 耐张线夹；(b) 接续管

较弱，在国内外碳纤维复合材料芯导线的应用过程中，会发现架线施工过程中出现断线故障，整体上碳纤维复合材料芯导线施工的要求仍相对较高，致使在碳纤维复合材料芯导线选型设计和使用过程中仍存在顾虑。

绞合型碳纤维复合材料芯导线可显著提高输电线路输送容量，且可节能降耗、减少线路走廊占地，具有较高的社会效益和经济效益，符合国家“双碳”发展理念和新型电力系统的建设目标，可以作为需推广应用的技术，结合已有实践经验，在推广应用过程中需加强对碳纤维复合材料芯导线施工过程的管控和检测。

# 2 绞合型碳纤维复合材料芯导线制造

绞合型碳纤维导线结构如图 2-1 所示。所使用的原材料包括碳纤维丝束、高温树脂体系、保护层缠绕纤维和电工圆铝杆。绞合型碳纤维导线的复合材料芯制造包括复合材料拉挤、保护层缠绕固化、多股碳纤维复合材料芯绞制、绞合型碳纤维复合材料芯二次固化等工艺。绞合型碳纤维导线的铝线制造包括铝单线制造、铝线绞制等技术。

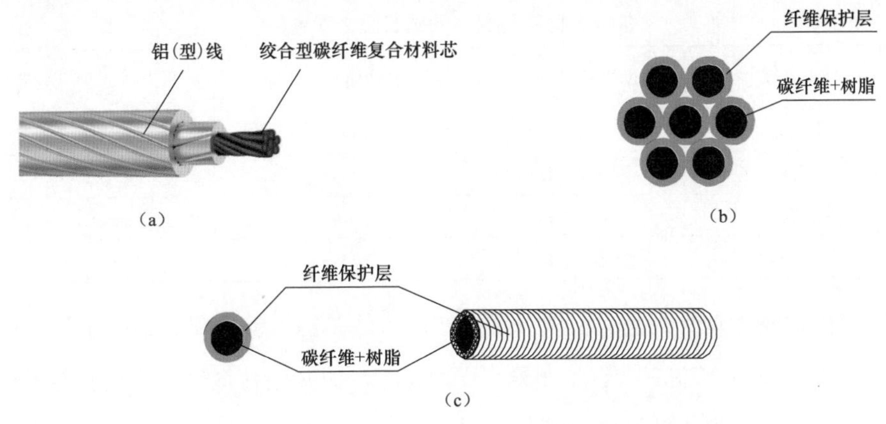


图 2-1 绞合型碳纤维导线（ACMCC）结构图

(a) ACMCC 导线；(b) 绞合型碳纤维复合材料芯；(c) 单股碳纤维芯

## 2.1 绞合型碳纤维导线的原材料选择

### 2.1.1 碳纤维丝束的选择

复合材料是由两种及以上材料经过复合工艺制得的多组元材料，能够增强纤维主要承载负荷，基体材料主要是传递应力，并保证复合材料成为设计的形状，成为承载负荷的整体。增强纤维主要有5大类型，即碳纤维（carbon fiber，CF）、硼纤维（boron fiber，BF）、碳化硅纤维（silicon carbide fiber，SF）、氧化铝纤维（alumina fiber，AF）和凯芙拉纤维（kevlar fiber，KF，芳纶纤维），前4种是无机纤维，后一种是有机纤维。

碳纤维丝束是碳含量在90%以上的无机高分子纤维状碳材料，具有很好的抗拉强度和弹性模量，具备出色的密度、耐腐蚀、抗疲劳等待的特性，与各种树脂基体材料复合制成的复合材料性能优越，已广泛应用于军事、航空航天、交通轨道、医疗器械领域，成为当今新材料领域炙手可热的佼佼者。

按制造碳纤维前期材料分为聚丙烯腈基（PAN）碳纤维、人造丝（黏胶丝）碳纤维和沥青基碳纤维三种，所制造的碳纤维力学性能参见表2-1。

**表2-1　　各种原材料丝制成的碳纤维力学性能**

| 原材料丝 | 拉伸强度（GPa） | 弹性模量（GPa） | 断裂伸长率（%） |
|---|---|---|---|
| PAN | 3.5～8.0 | 230～600 | 0.6～2.0 |
| 人造丝 | 0.7～1.8 | 40 | 1.8 |
| 均质沥青 | 0.8～1.2 | 40 | 2.0 |
| 中间相沥青 | 2.0～4.0 | 200～850 | 0.3～0.7 |

聚丙烯腈基碳纤维是目前碳纤维生产的主体，约占世界碳纤维产量的80%左右，而其中70%左右由日本东丽（TORAY）株式会社提供，国内有代表性的公司有中复神鹰碳纤维股份有限公司。

中复神鹰碳纤维股份有限公司是国内用于绞合型碳纤维复合材料芯导线制造用碳纤维丝束的主要供应商。2021年上半年碳纤维产量达到3800t，已自主掌握了SYT49S（T700级）、SYT55S（T800级）、SYM30（M30级）、SYM35（M35级）、SYT65（T1000级）、SYM40（M40级）技术，打破了国外高性能碳纤维垄断的市场格局，产品广泛应用于航空航天、交通运输、压力容器、碳芯电缆、体育休闲、建筑加固、新能源汽车、国产大飞机、风电叶片等领域，极大地促进了国内碳纤维复合材料产业的发展。中复神鹰碳纤维股份有限公司生产设备及产品如图2-2所示。

(a)　(b)

(c)　(d)

图 2-2　中复神鹰碳纤维股份有限公司生产设备及产品图

(a) 聚合 PAN；(b) PAN 纺丝；(c) 碳化；(d) 碳纤维丝束

用于绞合型碳纤维复合材料芯的碳纤维丝束性能见表 2-2。

**表 2-2　　用于绞合型碳纤维复合材料芯的碳纤维丝束性能**

| 纤维牌号 | 抗拉强度 (GPa) | 拉伸模量 (GPa) | 伸长率 (%) | 线密度 (g/km) | 密度 ($g/cm^3$) | 单丝直径 (μm) |
|---|---|---|---|---|---|---|
| T700S-12K* | 4900 | 230 | 2.1 | 800 | 1.80 | 7 |
| T800H-12K* | 5490 | 294 | 1.9 | 445 | 1.81 | 5 |
| T1000G-12K* | 5880 | 294 | 2.2 | 485 | 1.80 | 5 |
| SYT49S-12K** | 4900 | 220 | 1.8 | 800 | 1.80 | 7 |
| SYT55S-12** | 5900 | 290 | 2.0 | 450 | 1.80 | 5 |
| SYT65S-12** | 6500 | 290 | 2.0 | 450 | 1.80 | 5 |

*　表明该型号碳纤维为日本东丽（TORAY）株式会社产品牌号。

**　表明该型号为国内中复神鹰碳纤维股份有限公司产品牌号。

### 2.1.2 高温树脂体系的选择

复合材料是由两种及以上材料经过复合工艺制得的多组元材料，能够增强纤维主要承载负荷，基体材料主要是传递应力，并保证复合材料成为设计的形状，成为承载负荷的整体。绞合型碳纤维导线复合材料芯采用拉挤工艺制成，对树脂体系的要求主要是：

（1）耐高温性好。

（2）与碳纤维的浸润性好。

（3）剪切和刚度性能好。

（4）耐化学稳定性。

（5）固化速率能与固化管道温度范围及生产速度匹配。

（6）工艺存活时间长。

绞合型碳纤维导线使用的高温树脂体系主要有以下几类：

（1）脂肪族环氧树脂体系。脂肪族环氧树脂体系玻璃化转变温度（$T_g$）可达190℃以上，其化学结构式为

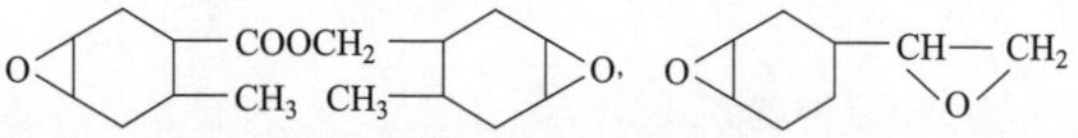

O　$COOCH_2$　$CH_3$　$CH_3$　O，　O　CH— $CH_2$　O

（2）缩水甘油胺三官能环氧树脂体系。缩水甘油胺三官能环氧树脂体系玻璃化转变温度（$T_g$）可达250℃，其化学结构式为

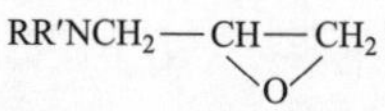

$RR'NCH_2$—CH—$CH_2$（O）

（3）缩水甘油胺四官能树脂体系。缩水甘油胺四官能固化体系玻璃化转变温度（$T_g$）可达250℃，其中四缩水甘油二氨基二苯甲烷化学结构式为

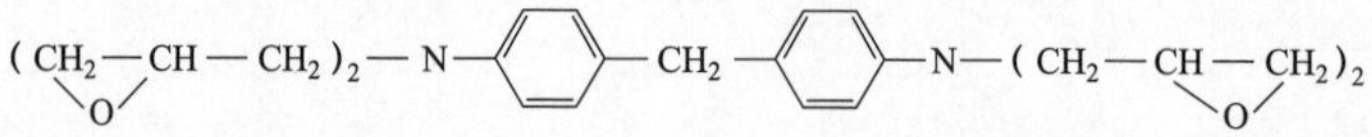

$(CH_2$—CH—$CH_2)_2$—N—⟨苯环⟩—$CH_2$—⟨苯环⟩—N—$(CH_2$—CH—$CH_2)_2$（O）

（4）甘油三酸酯醚环氧树脂体系。甘油三酸酯醚环氧树脂体系玻璃化转变温度（$T_g$）可达300℃，其化学结构式为

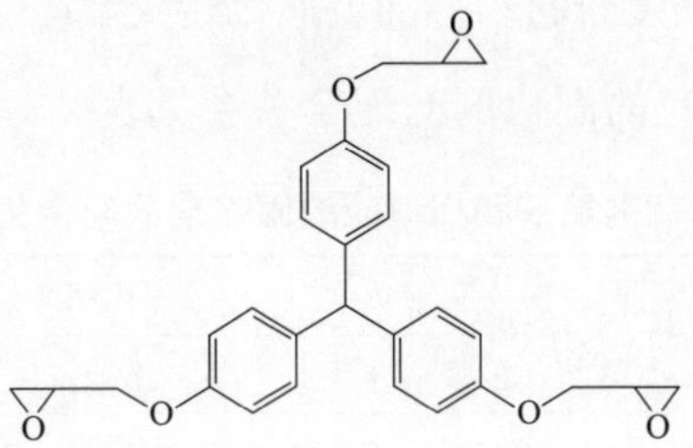

在树脂体系中一般都需要添加活性增韧剂，以改善碳纤维复合材料芯的弯曲韧性。

一般树脂体系都是线型分子，加入固化剂后，固化形成三维网状结构，基体显示出的性能是硬而脆，而且由于固化时产生了收缩，冷却时也会产生收缩，同时绞合型碳纤维复合材料芯的应力是随时间、温度、风速等条件在变化，这样复合材料芯的内应力就会增加；当这种内应力超过复合材料芯的强度极限时，在复合材料芯内部就会产生裂纹，导致导线断线而发生安全事故。

工程上要求树脂与固化剂组成的体系具有韧性，光靠树脂与固化剂的组合，多数情况下是做不到的，必须加入增韧剂才能达到工程应用对树脂体系性能要求的需要。

使用增韧剂可以达到的目的有以下几点：

（1）提高复合材料的耐冲击性，对于绞合型碳纤维复合材料芯来说，就是提高其弯曲性能。

（2）改善复合材料的耐热冲击性，由于树脂与固化剂的热膨胀系数不一样，添加增韧剂可以吸收由于导线不断变化的温度产生的冲击能，从而减少内应力。

（3）能提高复合材料的密实性及黏结性能。由于减少了内应力及应变，组成复合材料的各种基材之间的密实性和黏结性就会提高。

增韧剂的作用机理：现在作为增韧剂使用的化合物或长链低聚物，弹性体末端都具有反应性官能基，如环氧基、羟基、羧基、氨基等，因此选择增韧剂时必须考虑能与树脂体系的固化剂发生接枝反应。

有一种纳米核壳橡胶环氧树脂改性剂是将聚丁二烯橡胶和丁苯橡胶共聚，形成 100～200nm 的核心结构，与环氧树脂体系配合，可以有效增加拉挤工艺生产的复合材料芯的韧性，而复合材料芯的玻璃化转变温度（$T_g$）值基本不降低。

增韧剂端基和相适应的固化剂的配合关系见表 2－3。

**表 2－3　　增韧剂端基和相适应的固化剂的配合关系**

| 增韧性端基 | 固化剂 | | |
|---|---|---|---|
| | 聚酰胺、多胺 | 酸酐 | 其他 |
| 环氧基 | ○ | ○ | ○ |
| 巯基 | ○ | × | ○ |
| 羧基 | × | ○ | ○ |
| 羟基 | × | ○ | △ |
| 氨基 | ○ | × | × |
| 异氰酸酯基 | ○ | × | × |

**注**　○可用；×不可用；△（指路易氏酸盐）有限使用。

工艺性能要求：树脂体系常温黏度一般控制在 1000～3000cps（1cps＝1mPa. s），工作有效时间一般要求在 4h 以上。

### 2.1.3　保护层缠绕纤维丝束的选择与应用

保护层缠绕纤维性能要求：保护层缠绕纤维要求拉力大，无毛纱，能经受一定高温（根据导线耐温等级而定），耐化学腐蚀等。

保护层缠绕纤维主要品种有玻璃纤维、芳纶。

#### 2.1.3.1　玻璃纤维

玻璃纤维（glass fibre，GF）的主要特点是化学稳定性好，不燃、耐腐、耐热，具有较高抗拉强度和较低的线膨胀系数，是复合材料拉挤工艺中广泛使用的一种增强纤维，按其化学成分可分为无碱玻璃纤维、中碱玻璃纤维、高碱玻璃纤维等，绞合型碳纤维复合材料芯保护层通常使用的是无碱玻璃纤维（E－玻璃纤维）。

国产无碱玻璃纤维的品种及性能见表 2－4。

**表 2－4　　国产无碱玻璃纤维的品种及性能**

| 性　能　指　标 | 无碱 | 中碱 | 高碱 |
|---|---|---|---|
| 单丝的拉伸强度（GPa） | 3.12 | 2.68 | — |

续表

| 性能指标 | 无碱 | 中碱 | 高碱 |
|---|---|---|---|
| 弹性模量（GPa） | 73 | — | — |
| 密度（$g/cm^3$） | 2.57 | 2.53 | 2.51 |
| 介电常数（106Hz 时） | 6.6 | — | — |
| 损失角正切（106Hz 时） | $1.1\times10^{-3}$ | — | — |
| 体积电阻率（Ω·cm） | $1.2\times10^{15}$ | — | — |

#### 2.1.3.2 芳纶

芳纶学名叫聚间苯二甲酰间苯二胺纤维，也叫间位芳纶，是一种综合性能优良的耐高温特种纤维，具有优异的热稳定性（可在 220℃使用 10 年以上，240℃下受热 1000h，机械强度仍保持原有的 65%，在 370℃以上才分解出少量气体）、阻燃性（具有自熄性，高温燃烧时表面碳化，不助燃，不产生熔滴）、电绝缘性（芳纶绝缘纸耐击穿电压可达到 10kV/mm）、可纺性、化学稳定性、耐辐射性，在电绝缘纸、高温过滤材料、防护服装、蜂窝结构材料等方面有着广泛用途，是航天、航空、国防、电子、通信、环保、石油、化工、海洋开发等高科技领域的重要基础材料。目前价格较贵，只用于特高温（比如：长期使用温度 230℃及以上）绞合型碳纤维复合材料芯制造。

图 2-3　芳纶纤维外形

芳纶的主要性能指标检测结果见表 2-5，成品丝图形如图 2-3 所示。

**表 2-5　芳纶丝性能检测参数**

| 产品名称 | 芳纶长丝 | 规格型号 | A 级参数 |
|---|---|---|---|
| 执行标准 | FZ/T 54076—2014<br>《对位芳纶（1414）长丝》 | 轴重 | 5.0（kg/轴） |
| 检验项目 | 单位 | 指标 | 检验结果 |
| 干纱线密度 | $D^*$ | 3000±40 | 2980～3010 |

续表

| 产品名称 | 芳纶长丝 | 规格型号 | A 级参数 |
|---|---|---|---|
| 线密度 | $g/cm^3$ | | 1.44 |
| 断裂伸长率 | % | 2.8～3.8 | 2.9～3.4 |
| 断裂强力 | kN | ≥666 | 675 |
| 模重 | g/d | ≥585 | 600～668 |
| 含水率 | % | 2～6 | 2.5 |
| 含油率 | % | 1.0±0.4 | 0.8～1.3 |
| 单丝直径 | μm | 12 | 12 |
| 分解温度 | ℃ | ≥370℃ | 550℃ |

* 表示纤度，又称“旦数”，是指在公定回潮率下，9000m 纱线或纤维所具有重量的克数。

### 2.1.4 导电层用电工圆铝杆的选择与应用

根据导线对导电层材料要求不同，可选择表 2-6 所示的电工圆铝杆作为绞合型碳纤维导线的导电材料。

**表 2-6　电工圆铝杆参数及选择**

| 铝杆名称 | 牌号 | 抗拉强度（MPa） | 伸长率（%） | 电阻率（nΩ·m） |
|---|---|---|---|---|
| A2 | 1A60 | 80～110 | 13 | 27.85 |
| A4 | 1A60 | 95～115 | 11 | 28.01 |
| A6 | 1A60 | 110～130 | 8 | 28.01 |
| NRLH1 | 8A07 | 95～135 | 7 | 28.64 |
| NRLH2 | 8A07 | 120～160 | 6 | 31.25 |
| LHA1、LHA2 | 6201 | 160～220 | 10 | 34.50 |
| LHA3、LHA4 | 6101 | 150～200 | 10 | 34.50 |

电工圆铝杆经过拉丝形成所需要的形状，包括圆形、梯形、S/Z 形、U 形及防风类型线等形状，并经过相应退火、时效处理等，以满足各种导线性能需要。

## 2.2 绞合型碳纤维导线的复合材料芯制造

### 2.2.1 复合材料拉挤工艺

碳纤维丝束与耐高温树脂体系通过拉挤工艺形成绞合型碳纤维复合材料芯

的单股线体。单股线体直径一般在 1.8～5.0mm。复合材料芯单股线体拉挤工艺流程图如图 2-4 所示，生产线实图如图 2-5 所示。

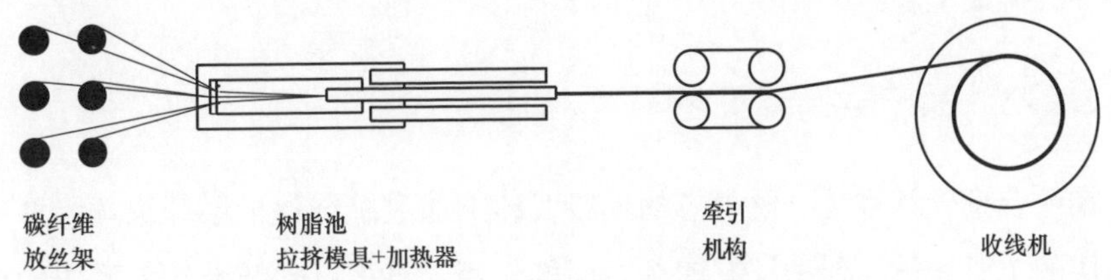


图 2-4　复合材料芯单股线体拉挤工艺流程图

图 2-5　生产线实图

(a) 密封厂房；(b) 拉挤线；(c) 放丝架；(d) 收线盘

拉挤工艺参数的一般拉挤速度在 2～3m/min，树脂浸渍池温度控制在 40～

60℃。根据导线对绞合型复合材料芯拉力的要求，计算出所需要的模具孔径（要考虑保护层所用厚度），制作拉挤工艺模具，模具长度控制在 500～800mm，以保证碳纤维成型稳定。

### 2.2.2 保护层缠绕工艺

在绞合型碳纤维复合材料芯的单股线体上通过缠绕保护层纤维丝，形成带保护层的单股线体。保护层有四个方面的作用：将多束碳纤维丝束形成的单股线体形成一个整体，保证树脂不易向外流出和松散；保护碳纤维单股线体不与导电层的导电铝线直接接触而产生电化学反应；遮蔽阳光、腐蚀混合体等直接损伤碳纤维丝；保护复合材料芯与铝层摩擦时不易损坏。保护层工艺流程图如图 2－6 所示，缠绕机如图 2－7 所示。

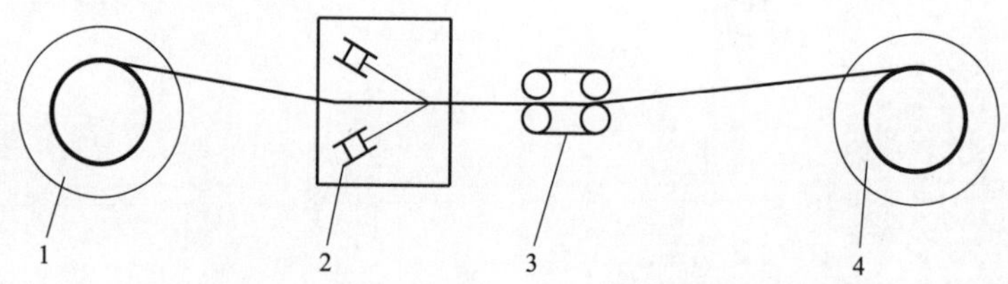


图 2－6　复合材料芯单股线体保护层缠绕工艺流程图

1—放线机；2—保护层缠绕机；3—牵引机构；4—收线机

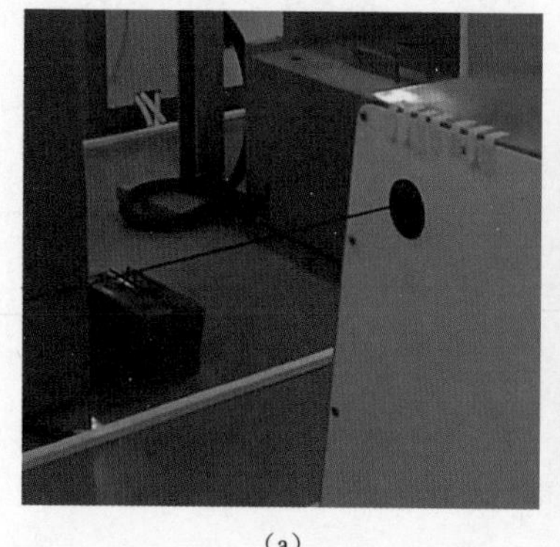

(a)

(b)

图 2－7　缠绕机单股碳线及收线架

(a) 缠绕保护层单股碳线；(b) 缠绕机收线架

通过缠绕纤维的规格（指 $D$ 值）大小来调节保护层的厚度，一般使用 2000～6000$D$ 的纤维；保护层的厚度一般控制在 0.15～0.30m；对保护层缠绕后的单股线体可以进行初步固化，一般固化温度在 80～160℃，时间由拉挤速度和模具长度控制，一般为 1～3min。

### 2.2.3 绞合型碳纤维复合材料芯的绞制工艺

绞合型碳纤维复合材料芯的绞制工艺指将多根碳纤维复合材料芯单股本体通过绞线机进行绞合，以形成绞合型碳纤维复合材料芯，目前国内的专用绞线机已可以生产 7 股、19 股、37 股和 61 股绞合型碳纤维复合材料芯，面积在 20～1200mm$^2$。绞线机生产线及制品截面如图 2-8 所示。

(a)

(b)

图 2-8 绞线机生产线及制品截面

(a) 7 股碳纤维绞线机；(b) 61 股碳纤维绞线机

### 2.2.4 绞合型碳纤维复合材料芯的二次固化工艺

绞合型碳纤维复合材料芯的二次固化工艺指经过绞合成型的绞合型碳纤维复合材料芯需要最后固化定型，以保证复合材料芯的各项性能达到标准要求。目前采用的是连续管道固化线，最多可一次对 6 条复合材料芯进行固化，如图 2-9 所示。固化速度在一般控制在 0.5～1.5m/min；温度采取阶梯固化温度：60℃/0.2h＋120℃/0.2h＋160℃/0.3h＋220℃/0.8h；固化线长度根据场地可设计为 50～300m；固化后的成品头、尾分别取样进行弯曲、拉断力的生产现场性能试验。

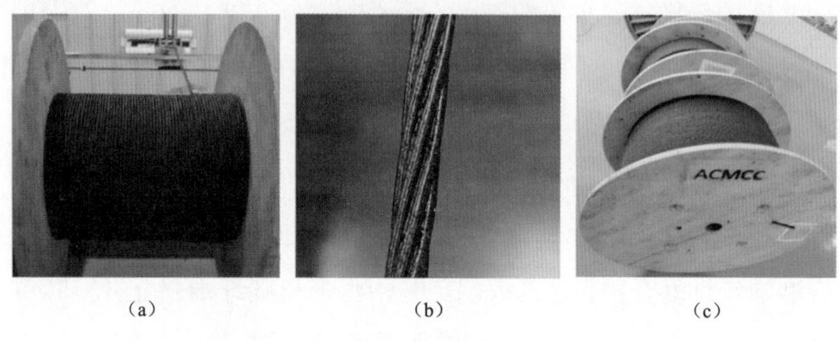


（a）　（b）　（c）

图 2－9　固化线

（a）固化收线机；（b）绞合型复合材料芯；（c）绞合型复合

## 2.3　绞合型碳纤维导线的铝线制造

绞合型碳纤维导线的铝线部分加工生产工艺流程如图 2－10 所示。现代生产企业一般直接采购铝/铝合金电工圆杆，经过拉丝机拉制成各种形状的铝单线，并经过相应的热处理，达到各种铝/铝合金线的性能要求，最后将绞合型碳纤维芯与铝单线通过绞线机绞合，制造出绞合型碳纤维导线。

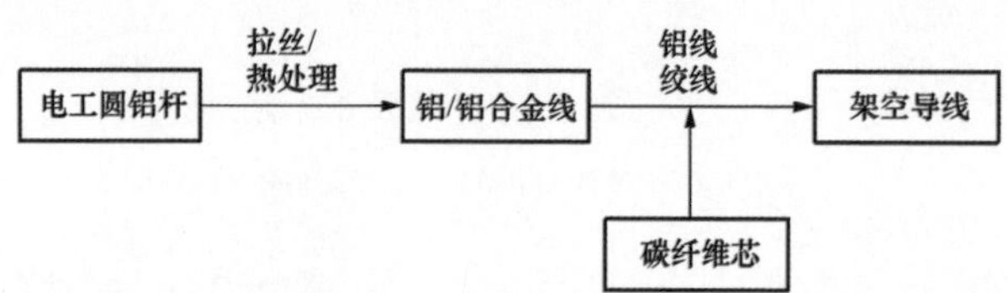


图 2－10　绞合型碳纤维导线的铝线部分加工工艺流程图

### 2.3.1　铝单线制造技术

目前绞合型碳纤维导线使用的铝单线按材料分：纯铝/高纯铝、耐热铝合金、中/高强度铝合金等。按铝单线的形状可分为圆形、梯形、S/Z 形、U 形及其他种类非圆形铝线。铝单线形状如图 2－11 所示。

按导线种类不同，铝/铝合金单线的主要技术性能见表 2－7。

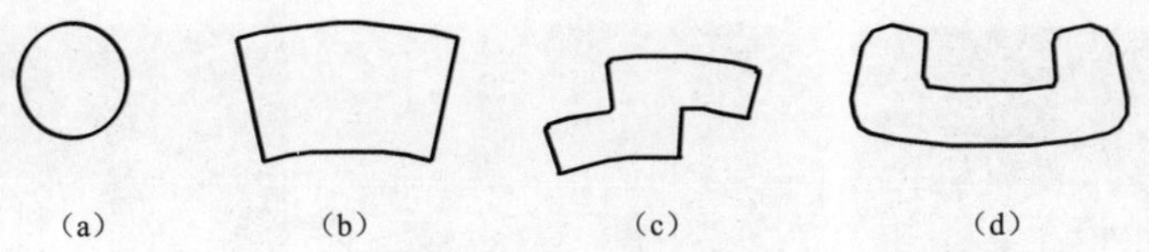


图 2-11　铝单线形状图

(a) 圆形；(b) 梯形；(c) S/Z 形；(d) U 形

**表 2-7　　铝/铝合金线的主要技术性能**

| 铝股材料 | 抗拉强度 (MPa) | 断裂伸长率 (%) | 电阻率 (nΩ·mm²) | 其他要求 |
|---|---|---|---|---|
| 软铝线 | 60～95 | 20 | 27.35 | |
| 半硬铝线 | 95～125 | 5～15* | 28.264 | |
| 硬铝圆线 L | 160～200 | 3 | 28.264 | |
| 硬铝型线 LX1、LX2 | 160～185 | 3 | 28.264 | |
| NRLH1 | 159～169 | 2.0～1.5 | 28.735 | 强度残存率≥90% |
| NRLH2 | 248～225 | 1.5～2.0 | 31.347 | |
| NRLH3 | 159～176 | 2.0～1.5 | 28.735 | |
| NRLH4 | 159～169 | 2.0～1.5 | 29.726 | |
| LHA1 | 315～325 | 3.0 | 32.84 | |
| LHA2 | 295 | 3.5 | 32.53 | |
| LHA3 | 230～250 | 3.5 | 29.472 | |
| LHA4 | 255～290 | 3.0 | 30.247 | |

*　标准中没规定，根据经验值，一般为 5%～15%。

铝线拉丝设备在我国电缆行业已得到广泛使用，拉丝圆铝单线一般使用 9～13 模等比例延伸率的滑动式铝大拉丝机，如图 2-12 (a) 所示。拉制型线铝单线，一般采用如 5 模巨拉机，或者分电机可变延伸率铝大拉机，以适应型线的面积大、各级模具变形量有时不一致的特点，保证铝单线在拉丝过程中变形量达到设计时的要求，如图 2-12 (b) 和图 2-12 (c) 所示。

铝线在拉丝过程中需要使用循环冷却液，一般拉丝机都配置有这一装置，拉丝液在铝材与模具之间形成一层薄膜，可大大降低摩擦系数，降低铝线表面温度，保证铝线表面光洁，同时保护模具不过快磨损。

(a)

(b)

(c)

图 2-12 铝单线拉丝机

(a) 9～13 模等比例延伸率的滑动式铝大拉丝机；(b) 5 模巨拉机；(c) 分电机可变延伸率铝大拉机

铝线拉丝要保证铝线表面残留的拉丝液不能过量，特别是需要热处理的型线表面不能残留过多拉丝液，否则经过热处理后，表面会有难看的“可乐”颜色，而且不易处理。一般要经常过滤拉丝液，保证拉丝液里面的铝粉残留量少；通过模具自身加工的表面粗糙度保证拉丝液不残留在铝线表面上，同时也可以通过对铝线表面用清洁液擦洗的方法保证表面没有过量拉丝液。

相关标准对架空导线每层铝线的接头数量进行了限制，单盘铝线的长度应该加以控制。现在导线制造企业的单线线盘的容量基本都能满足整盘导线不进行接头处理就能达到交货长度的要求，因此，在可能的情况下，每盘铝单线应保证不进行接头处理，除非绞线时铝单线发生断线情况下才进行接头工艺处理，并且要保证接头质量满足相关标准规定的质量要求。

关于型线，拉丝单线装上线盘时，应保证型线的排列方向一致，排列整齐、紧密，单线不能相互压线，否则会造成绞线时型线翻身、断线等无法处理的事故，造成废品，对绞线质量造成直接威胁。

铝单线热处理有两种类型：①退火处理，比如全软铝线、半硬铝线等；②时效处理：对铝镁硅合金单线进行的热处理方式。铝单线热处理的设备一般有滑轨式热处理炉、连续滑动式热处理炉、地坑式热处理炉。滑轨式热处理炉如图 2-13 所示。

在进行退火处理、时效处理铝单线时，应将铝单线盘装在专用退火架上，保证线盘之间的间隙均匀，温度一致，加热气流流动效果好，使铝单线盘内、外受热均匀，保证退火处理、时效处理的铝线强度及延伸率在相关标准规定的

范围内。铝线盘整齐堆放如图 2－14 所示。

图 2－13　滑轨式热处理炉

图 2－14　铝线盘整齐堆放

## 2.3.2　铝线绞制技术

架空导线常用的绞线设备主要有框绞机、笼绞机等，一般要求铝线盘的直径大于或等于 630mm。绞线机外形如图 2－15 所示。

(a)

(b)

图 2－15　绞线机外形

(a) 30 盘 630 型分电机框绞机；(b) 84 盘 630 型框绞机

在绞线工艺方面，对于圆铝线的绞线比较简单，只需要使用硬质胶、电工木做成的绞线模，按照绞线工艺卡规定的方向和节距进行绞线即可；对于型线，为保证绞线的紧密、圆整性，需要采用拉绞工艺，即：采用纳米类型的绞线模，将铝线进行压缩拉伸，形成致密的铝线层。为防止在绞线过程中铝型线出现“翻身”等现象，需要采用专用的型线分线机构，这个分线机构由定向轮、预扭轮、张力调整轮等组成，如图 2-16（a）所示。型线与复合材料芯绞合时，还应该避免铝线拉挤时对复合材料芯产生的不良影响，在铝线进入拉挤模之前，要将复合材料芯穿过一个保护管加以隔离，如图 2-16（b）所示。

（a）

（b）

图 2-16　型线绞线机绞线头

（a）绞线机型线分线机构；（b）复合材料芯保护套

型线绞线操作步骤如下：

（1）将检验合格的碳纤维复合材料芯装在绞线机的后放线架，调整好张力。

（2）将检验合格的铝线装入绞线机各段绞笼放线架上，调整张力。

（3）将第一绞层（内层）铝线拉出到第一绞线模座。注意各根铝线的方向不能发生翻转，要保持一致，经过的塑料导轮转动要灵活可靠；将各根铝线进行预扭转一圈后拉入拉挤模中，并将牵引绳与铝线扎紧后将牵引绳绕上牵引轮上；慢速开动绞线机，分别将各根铝线进行调整，保证铝线进入拉挤模的预扭角度一样，不会发生翻身；直到铝线正常拉挤后，再将复合材料芯通过保护管穿入拉挤模，这样不会浪费复合材料芯。

（4）按照编制的绞线工艺卡规定的节距、方向、直径等要求进行绞线，调整绞线张力。还必须对所绞制的铝线进行面积检查：先将该层铝线编号加以区

别，再将拉挤后的整个导线截断后进行面积检查，最终再进行铝线的张力调整；直至各根铝线面积达到标准要求；绞线过程中还要对铝线的张力进行观察、调整，以保证铝线面积在规定范围内。

（5）其他各层铝线也按此步骤进行穿线、牵引、检查。整个导线出成品后，还须进行其他性能检查，如导线电阻、拉断力等，合格后方能继续生产。

（6）绞线完成后，也要对导线的尾部进行性能检查，全部合格，才能进行包装，贴合格证等工作。

由于型线的圆弧面一般都比较大，铝线在经过牵引轮时都会有滑动现象，铝线表面容易擦伤，因此必须对型线铝表面进行保护。一般是在牵引轮上安装工业帆布，保证铝线表面与牵引轮表面滑动时不伤铝线，同时还有一个好处，能将铝线表面少许的油污去除掉。安装有“帆布”的牵引轮如图 2－17 所示。

成品导线在装上交货线盘时，后上盘的导线会与已上盘的导线产生相互摩擦，导致导线产生一条摩擦痕迹，严重时会对铝线产生较深损伤，因此为避免这一现象，在生产过程中需要使用条状电缆纸对整条导线进行全包隔离；同时每层导线之间也要用电缆纸进行隔离，保证导线在安装放线时不产生滑动而损伤导线表面质量，铝线表面电缆纸隔离保护如图 2－18 所示。

图 2－17　安装有“帆布”的牵引轮

图 2－18　铝线表面电缆纸隔离保护

# 3　绞合型碳纤维复合材料芯性能

绞合型碳纤维复合材料导线加强芯采用的是绞合型结构，与已应用的棒型结构不同。我国目前关于复合材料芯导线的 GB/T 29324—2012《架空导线用纤维增强树脂基复合材料芯棒》和 GB/T 32502—2016《复合材料芯架空导线》中只规定了棒型复合材料芯导线的内容，而绞合型复合材料芯导线相关内容没有覆盖到。鉴于绞合型碳纤维复合材料导线目前使用情况以及今后的应用前景，中国南方电网有限责任公司发布实施了 Q/CSG 1203060.1—2019《绞合型复合材料芯架空导线　第 1 部分：导线技术规范》、Q/CSG 1203060.2—2019《绞合型复合材料芯架空导线　导线设计、施工工艺及验收技术规范》、Q/CSG 1203060.3—2019《绞合型复合材料芯架空导线　第 3 部分：导线运行维护技术规范》等标准规范，为绞合型碳纤维复合材料导线产品设计、制造及应用提供技术支持。碳纤维复合材料芯的性能主要有抗拉强度、弹性模量、线膨胀系数、抗弯曲、耐高温、耐老化等方面。

## 3.1　机械性能

### 3.1.1　抗拉强度

绞合型碳纤维复合材料芯的抗拉强度定义为 2100、2400MPa 两个等级。绞合型碳纤维复合材料芯抗拉强度等级的设置考虑到绞合型复合材料芯要与软铝线匹配，其强度原则上不小于特高强度钢线的抗拉强度，并对标棒型复合材料芯的强度等级。

国内绞合型碳纤维复合材料芯拉断力试验数据见表 3－1。通过对绞合型

复合材料芯拉断力机械性能试验，试验结果基本能满足标准的技术要求，拉断力试验结果也与产品制造工艺技术、金具压接水平相关，还有性能提高的空间。

**表 3-1　　国内绞合型碳纤维复合材料芯拉断力试验数据**

| 序号 | 复合材料芯直径（mm） | 标称截面积（$mm^2$） | 拉断力（kN） | 抗拉强度（MPa） |
|---|---|---|---|---|
| 1 | 8.1 | 40 | 89.57 | 2239.2 |
| 2 | 15.4 | 150 | 311.5 | 2076.7 |
| 3 | 23.52 | 330 | 759 | 2300 |

### 3.1.2 弹性模量

按 GB/T 29324—2012《架空导线用纤维增强树脂基复合材料芯棒》中的第 7.2.8 条进行试验，使用液电卧式拉力试验机，测试得到绞合型碳纤维复合材料芯的应力-应变特性曲线，试样型号分别为 JTF1B-150-19 和 JTF1B-35-7。试样的应力-应变特性曲线如图 3-1 所示。绞合型碳纤维复合材料芯 JF1B-150-19 的弹性模量（$E$）测试结果为 136GPa，绞合型碳纤维复合材料芯 JF1B-35-7 的弹性模量（$E$）测试结果为 133GPa。

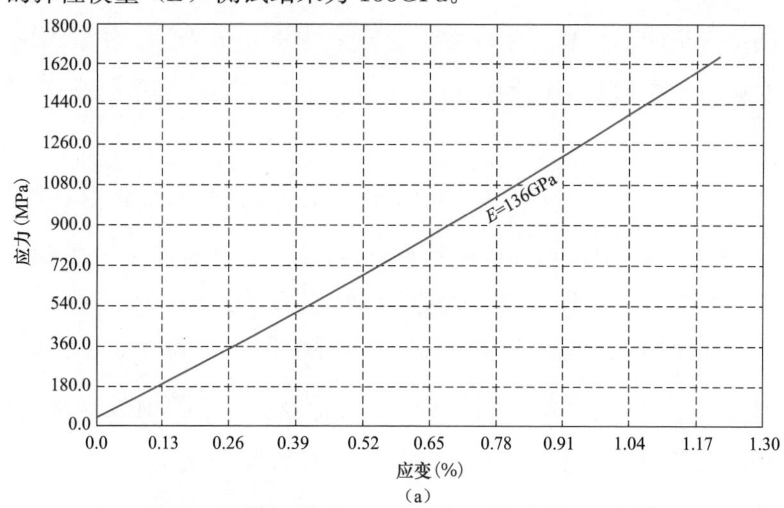


图 3-1　绞合型碳纤维复合材料芯应力-应变特性曲线（一）

（a）JTF1B-150-19

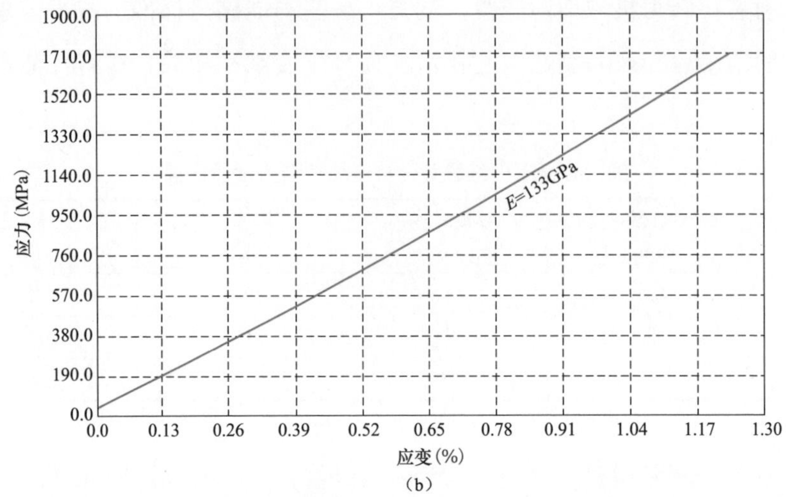


图 3-1　绞合型碳纤维复合材料芯应力-应变特性曲线（二）

(b) JTF1B-35-7

### 3.1.3　线膨胀系数

绞合型碳纤维复合材料芯的线膨胀系数小，与常规钢芯铝绞线相比具有显著的低弛度特性，在高温下弧垂不到常规钢芯铝绞线的 1/10，保障架空导线走廊的绝缘空间，提高了导线运行的安全性和可靠性。绞合型碳纤维复合材料芯的膨胀系数对线路设计有很大的意义，直接决定了线路的弧垂和杆塔的高度。

GB/T 29324—2012《架空导线用纤维增强树脂基复合材料芯棒》规定国内厂家棒型复合材料芯棒产品线膨胀系数小于或等于 $2.0\times10^{-6}$℃$^{-1}$。Q/CSG 1203060.1—2019《绞合型复合材料芯架空导线　第 1 部分：导线技术规范》规定了绞合型复合材料芯在－40℃到长期允许使用温度区间内的平均线膨胀系数不应大于 $1.0\times10^{-6}$℃$^{-1}$，理论及设计计算时绞合型复合材料芯平均线膨胀系数取值 $1.0\times10^{-6}$℃$^{-1}$。经对直径分别为 15.4、23.52mm 的绞合型碳纤维复合材料芯测试，平均线膨胀系数为 $0.13\times10^{-6}$、$0.54\times10^{-6}$℃$^{-1}$。

### 3.1.4 抗弯曲性能

碳纤维复合材料芯是一种单向复合材料，在收到弯曲应力时，复合材料芯的上部受到的是压应力，而下部则受到拉应力，较低的树脂强度会导致复合材料芯中心沿轴向开裂。碳纤维导线在生产末端需要卷绕在木质卷盘上，其在安装过程中需要穿过张力机、滑车，因此要求复合材料芯的弯曲模量不可以太大，否则容易造成复合材料芯的损伤。这些损伤通常无法在搬运和施工过程中识别出来，会给线路造成不可估量的安全隐患。

标准规定复合材料芯棒在 40$D$（$D$ 为芯棒直径）直径的筒体上以不大于 3r/min 的速度沿筒体卷绕 1 圈并保持 2min，芯棒应不开裂、不断裂。选取了三个代表规格（直径分别为 8.1、15.4、23.52mm）绞合型复合材料芯，试样长度不少于 200$D$，在 40$D$ 直径的筒体上以不大于 3r/min 的卷绕速度卷绕 1 圈，保持 2min 卷绕后绞合型复合材料芯均不开裂、不断裂，其拉断力均大于标称截面积与其对应的最小抗拉强度的乘积，能够满足标准要求的最小拉断力。

## 3.2 耐高温性能

玻璃化转变温度（$T_g$）是高分子聚合物的特征温度之一。以玻璃化温度为界，高分子聚合物呈现不同的物理性质：在玻璃化温度以下，高分子材料为塑料；在玻璃化温度以上，高分子材料为橡胶。因此，玻璃化温度是绞合型碳纤维复合材料芯的温度使用上限，直接决定了绞合型碳纤维复合材料芯导线的耐温等级和长期运行温度。Q/CSG 1203060.1—2019《绞合型复合材料芯架空导线 第 1 部分：导线技术规范》规定了绞合型碳纤维复合材料芯导线长期允许使用温度为 120、160℃两个等级，对应的玻璃化转变温度（$T_g$）不低于 150、190℃。

目前测量高分子材料 $T_g$ 有三种方法，参照 GB/T 22567—2008《电气绝缘材料 测定玻璃化转变温度的试验方法》、ASTM D 7028—2007《测定聚合物基复合材料的玻璃化转变温度（DMA Tg）的标准试验方法》和 IEC 61006：2008《电绝缘材料　测定玻璃化转变温度的试验方法》，分别为差热扫描量热法（differential scanning calorimetry，DSC）、热机械分析法（thermomechanical analysis，TMA）和动态热机械分析法（dynamic mechanical analysis，DMA）三种方法。DSC 分析法是通过测量材料热容变化而引起的吸热峰的转移，影响因素为升温或降温速度；TMA 分析方法是根据热膨胀系数变化确定玻璃化转变温度；DMA 测试法是根据模量的变化确定玻璃化转变温度。经试验比较分析，DSC 分析法适用于树脂浇注体，绞合型复合材料芯采用该方法测试时，由于内部纤维的影响，很难找到典型的能量峰，而且测试数据的复现性非常差；TMA 分析方法受绞合型复合材料芯固化度影响很大，而且在试验曲线中也很难找到特征点；DMA 测试法测试曲线在玻璃化转变温度前后变化明显，测试数据的复现性很高，误差较小。因此，推荐采用 DMA 测试绞合型碳纤维材料芯玻璃化转变温度。典型的绞合型碳纤维材料芯玻璃化转变温度测试结果见表 3－2。

**表 3－2　　典型的绞合型碳纤维复合材料芯玻璃化转变温度测试结果**

| 频率（Hz） | 1 | | |
|---|---|---|---|
| 升温速率（K/min） | 5 | | |
| 玻璃化转变温度（℃） | 201 | 193 | 194 |
| 平均值（℃） | 196 | | |

## 3.3　耐老化性能

绞合型碳纤维复合材料芯导线长期在户外挂网运行，碳纤维复合材料芯的材料老化问题不可忽视，因此探究碳纤维复合材料芯材料在不同环境下的老化情况对该新型导线的运行和推广具有重要意义。

### 3.3.1　耐紫外光试验

耐紫外光照射试验是模拟日照中的紫外线，以考察对碳纤维复合材料芯造

成的老化。经规定试验条件紫外光照射检测碳纤维复合材料芯，比较经过紫外光照射和未经过紫外光照射的复合材料芯试品的表面状况变化。

按照 GB/T 16422.3—2022《塑料实验室光源曝露试验方法　第 3 部分：荧光紫外灯》开展，经过试验后的复合材料芯清洗后，观察表面情况。使用美国 Q-LAB 紫外光加速老化试验箱 QUV-spray 紫外试验箱，试样为 8 个 0.4m 芯棒（两头遮挡），紫外波长为 340nm，强度为 0.76W/$m^2$，采用暴露方式 1，其中每循环辐照暴露时间为 4h，暴露时间 1008h。试验后取出复合材料芯清洗后，观察表面情况，紫外光老化试验前后样品外观如图 3-2 所示。紫外老化试验后，试样端头包覆的透明胶及纸张出现褪色老化情况，复合材料芯棒外表无肉眼可见的明显变化，表面不发黏，无纤维裸露、裂纹和龟裂现象。

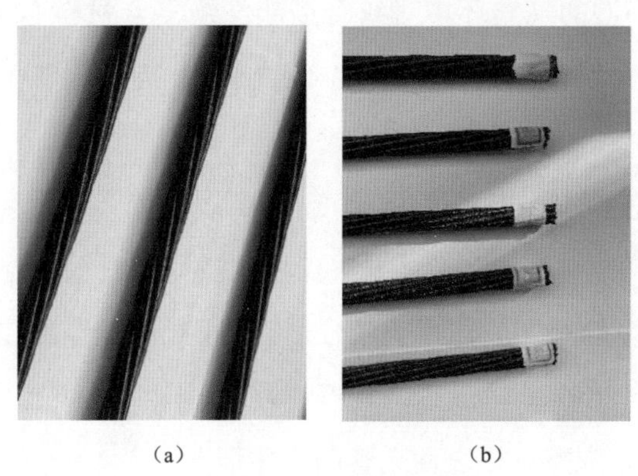

（a）　　　　　　（b）

图 3-2　紫外光老化试验前后样品外观

（a）试验前；（b）试验后

### 3.3.2　耐臭氧老化试验

按 GB/T 7762—2014《硫化橡胶或热塑性橡胶　耐臭氧龟裂　静态拉伸试验》开展，经过试验后的复合材料芯清洗后，观察表面情况。试验设备使用 ZX-01C 型紫外吸收式臭氧分析器，试样为 2 个长度 0.25m 的碳纤维复合材料芯，暴露时间 24h，臭氧浓度 0.025%～0.030%，试验温度 25℃。试验前后对比试样状态如图 3－3 所示，在 24h、0.025％～0.030％浓度耐臭氧试验后，试样外表无肉眼可见的明显变化。

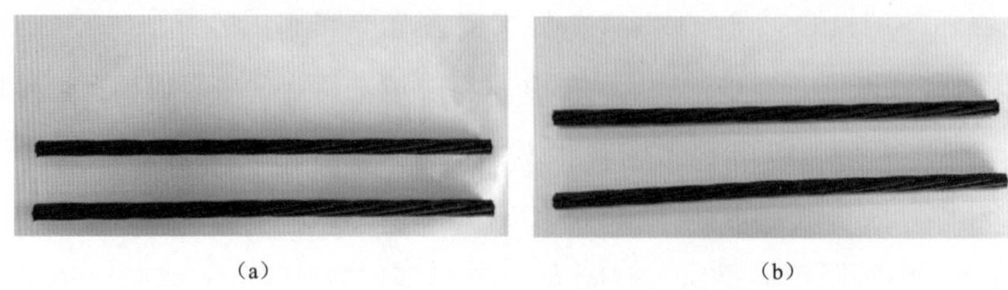

（a）　　　　　　（b）

图 3－3　耐臭氧老化试验前后试样状态

（a）试验前；（b）试验后

### 3.3.3　复合材料芯湿热老化试验

南方高温、高湿的气候环境对绞合型碳纤维复合材料芯导线是一种考验，在湿热环境下复合材料芯的老化性能尚不得而知，因此，需在实验室模拟湿热环境进行复合材料芯的长时间老化试验。

试验设备使用 WS1000J 高低温交变湿热试验箱，试样为 4 个长度 0.25m 的绞合型碳纤维复合材料芯。测试方法：将试样均匀放置在湿热老化箱内；在 2h 内使湿热试验箱的温度上升到 70℃±2℃，相对湿度控制在（95±5）％，保持 6h；在随后的 16h 内，将湿热试验箱的温度下降到 38℃±3℃；按照以上步骤进行 15 个循环；观察试样表面质量的变化情况。

试验后取出复合材料芯清洗后，观察表面情况。试验前、后试样状态如图 3－4 所示。湿热老化试验后，试样外表无肉眼可见的明显变化。

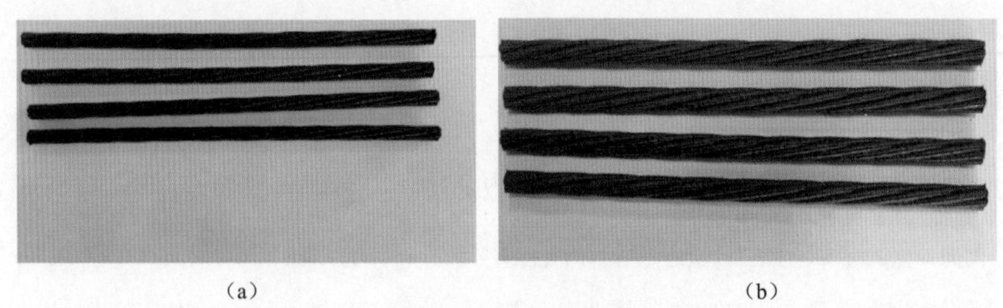

（a）　　　　　　（b）

图 3－4　湿热老化前、后试样状态

（a）试验前；（b）试验后

### 3.3.4 酸、碱、盐溶液水解试验

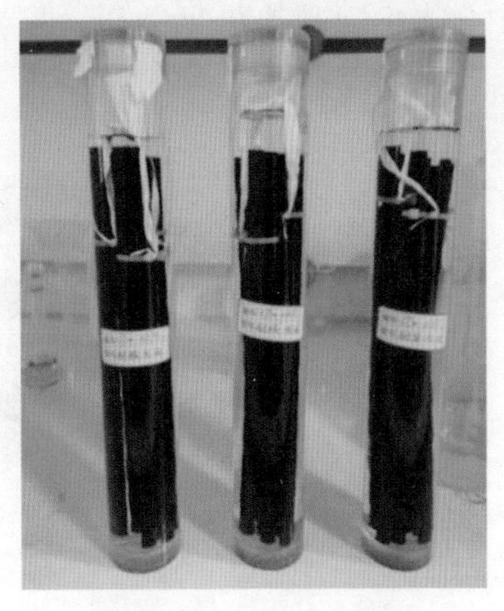
图 3-5 浸泡中的试样

酸、碱、盐溶液水解试验指采用人工加速老化试验方法，对绞合型碳纤维复合材料芯进行浸泡老化试验，设置为 6 组样品（含空白对照组），每隔 7 天取出一组样品，清洗干净后用密封袋保存，后续进行测试。浸泡中的试样如图 3-5 所示。

（1）酸环境老化。酸环境老化是指利用 98%浓硫酸配制成浓度 1mol/L 的硫酸溶液，将碳纤维复合材料芯单芯样品用无水乙醇和滤纸擦拭干净后放入硫酸溶液中进行常温浸泡来模拟碳纤维复合材料芯在酸性环境中的加速老化；同时截取 6 根长度为 0.25m 的完整绞合芯在 pH 为 2.21 的酸性溶液中浸泡分别 4、24、96h，观察短期浸泡后的宏观形貌变化。

（2）碱环境老化。碱环境老化是指利用 NaOH 固体粉末配置 1mol/L 的氢氧化钠溶液，将碳纤维复合材料芯单芯样品用无水乙醇和滤纸擦拭干净后放入碱溶液中进行常温浸泡来模拟碳纤维复合材料芯在碱性环境中的加速老化；同时截取 6 根长度为 0.25m 的完整绞合芯在 pH 为 11.79 的碱性溶液中浸泡分别 4、24、96h，观察短期浸泡后的宏观形貌变化。

（3）盐水煮老化。参考 GB/T 22079—2008《户内和户外用高压聚合物绝缘子 一般定义、试验方法和接收准则》对碳纤维复合材料芯单芯样品进行盐水煮试验，来模拟碳纤维复合材料芯在南方沿海地区高温高湿以及海雾环境下的加速老化；水煮溶液为含 0.1%（质量分数）NaCl 的去离子水，溶液温度设为 99℃，将样品用无水乙醇和滤纸擦拭干净后放入预先调好温度的恒温水浴试验箱中进行高温沸煮；同时截取 6 根长度为 0.25m 的完整绞合芯在 5%的氯化钠溶液中常温浸泡分别 4、24、96h，观察短期浸泡后的宏观形貌变化。

图 3-6 所示为酸浸泡 28 天后的样品，对比全新的碳纤维复合材料芯，酸浸泡不同时间的样品外观均没有发生肉眼可见的改变，浸泡样品的酸溶液

中也未出现其他可见杂质，推测该碳纤维复合材料芯可能具有较好的耐酸特性。

(a) (b)

图 3-6 酸浸泡的碳纤维复合材料芯样品

(a) 浸泡前；(b) 浸泡 28 天后

图 3-7 所示为碱浸泡 28 天后的样品，对比全新的碳纤维复合材料芯，该单股样品外层缠绕的有机纤维已发生松散，剥开观察里面的碳纤维复合材料，除却最内层保持坚硬的芯棒结构，其余部分可松散成丝絮状的碳纤维丝。对比浸泡不同时间的几组样品可以发现，随着浸泡时间的延长，碳纤维复合材料的松散程度增加，内层未受影响的部分减少，即样品由外到内受到的破坏加剧。此外，浸泡样品的碱溶液中沉淀了少量样品碎屑，推测碳纤维复合材料芯对碱环境比较敏感。

(a) (b)

图 3-7 碱浸泡的碳纤维复合材料芯样品

(a) 浸泡前；(b) 浸泡 28 天后

图 3-8 所示是盐水煮 28 天后的样品，绞合芯棒明显出现松股的情况，对比全新的碳纤维复合材料芯，该样品放置晾干后，整个表层颜色略微发灰，个别处纤维发黄，如图 3-8 所示中标记位置所示，其余无明显改变。

(a)　　(b)

图 3-8　盐水煮的碳纤维复合材料芯样品

(a) 浸泡前；(b) 浸泡 28 天

参考 GBT 1449—2005《纤维增强塑料弯曲性能试验方法》，采用电子万能试验机 CMT6104 通过三点弯曲测试得到碳纤维复合材料芯样品的弯曲性能。为减小材料分散性的影响，每组试验取 5 根样品的测试平均值。不同老化时间下碳纤维复合材料芯样品的弯曲强度保留率如图 3-9 所示，碳纤维复合材料芯样品在硫酸溶液中常温浸泡 35 天期间，弯曲强度没有明显的变化，强度保持

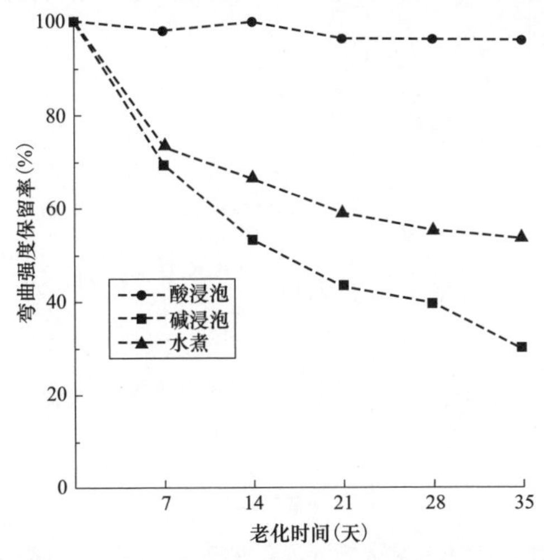


图 3-9　不同老化时间下碳纤维复合材料芯样品的弯曲强度保留率

在95%以上；在氢氧化钠溶液中，弯曲强度快速衰减，截至35天时弯曲强度仅剩29.7%；在盐水煮环境下，弯曲强度也有明显衰减，但破坏程度不如碱环境下的显著。此外，也可以看出，在碱浸泡和盐水煮这两种环境下，浸泡初期样品的弯曲强度衰减最迅速，说明碳纤维复合材料芯在浸泡初期力学性能下降最快。

比较酸环境和碱环境对碳纤维复合材料芯材料的影响容易发现，在相同温度和相同浓度条件下，碱性溶液对碳纤维复合材料芯材料有更明显的破坏，由此也说明该材料具有明显的耐酸不耐碱的特点。由于碳纤维丝本身具有很强的耐老化、耐酸碱性能，基本不受外界环境的影响，因此碳纤维复合材料芯弯曲性能的下降猜测是溶液介质和水分对树脂基体的破坏导致。

通过傅立叶红外光谱分析可比较老化前后试样官能团的变化情况。未老化碳纤维复合材料芯样品的红外光谱图如图3-10所示。图3-10中各主要吸收峰的位置及对应官能团信息见表3-3。其中，甲基的C-H（2966cm$^{-1}$）、苯环C=C结构（1608、1508、1450、831cm$^{-1}$）、芳香族C-O-C（1248、1182cm$^{-1}$）、苯环对位取代峰（831cm$^{-1}$）都是来自环氧树脂的官能团；1736cm$^{-1}$的C=O来自酸酐类固化剂中的酯基结构。后续可通过这些峰位，比较分析样品老化前后的红外谱图。

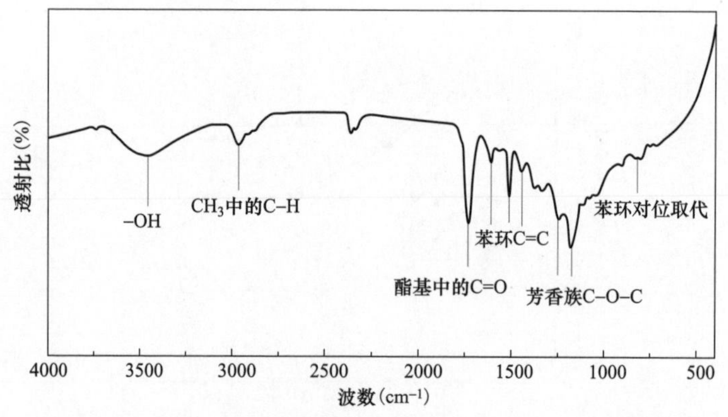


图3-10　未老化碳纤维复合材料芯样品的红外光谱图

表 3-3 碳纤维复合材料芯红外光谱吸收峰位及对应官能团

| 波数（$cm^{-1}$） | 官能团 | 波数（$cm^{-1}$） | 官能团 |
|---|---|---|---|
| 3700～3200 | -OH | 1608.1508、1450 | 苯环 C=C 结构 |
| 2970～2920 | $-CH_3$ | 1248.1182 | 芳香族 C-O-C |
| 1736 | 酯基中的 C=O | 831 | 苯环对位取代峰 |

图 3-11 所示中的两条谱线分别是酸浸泡 0、28 天的样品的红外光谱，可以看出老化前后谱图的峰位、峰形基本一致，说明经硫酸溶液浸泡老化后碳纤维复合材料芯中的基团种类基本不变，峰强变化也不甚明显，表明样品内部的环氧树脂基体以及固化剂等成分不易受硫酸影响发生化学老化。

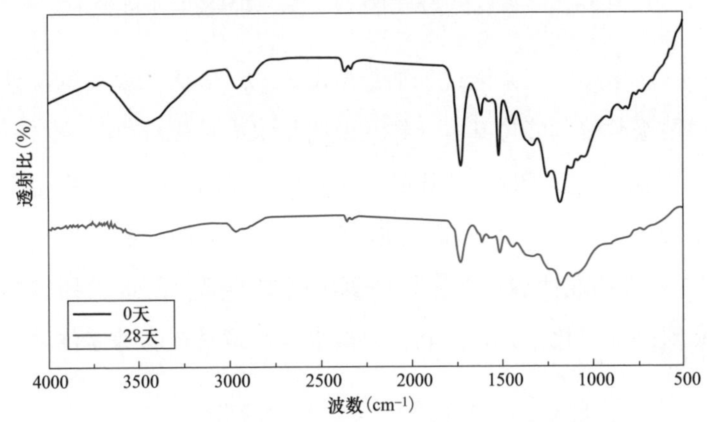


图 3-11 酸浸泡碳纤维复合材料芯样品的红外光谱图

图 3-12 所示中的三条谱线分别是碱浸泡 0、28 天样品内层的红外光谱，比较样品浸泡前后的谱图可以看出，前者的-OH 峰强明显大于后者的，说明碱浸泡后样品中的羟基含量明显增加，有发生水解反应。在碱浸泡 28 天样品的谱图中，未出现 1736$cm^{-1}$ 的酯羰基吸收峰，与环氧树脂相关的官能团吸收峰也大大减弱甚至消失不见，进一步说明碳纤维复合材料芯中的环氧树脂基体及固化剂等成分在碱性环境中发生了严重的降解；位于 1635$cm^{-1}$ 和 1108$cm^{-1}$ 处出现了新的吸收峰，推测分别是碳纤维丝表面存在的 C=C 和 C-O 官能团，由于样品中环氧树脂等有机成分的官能团基本被破坏，碳纤维表面微弱的官能团信息得以体现。

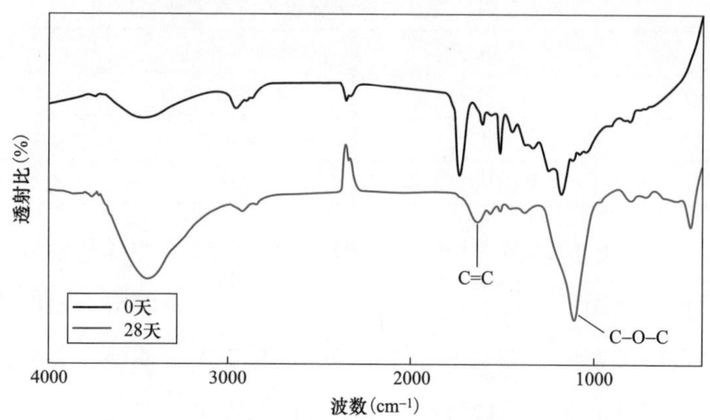


图 3－12　碱浸泡碳纤维复合材料芯样品的红外光谱图

图 3－13 所示中的三条谱线分别是盐水煮 0、28 天的样品的红外光谱，可以看到，主要吸收峰的峰位基本一致，说明盐水煮后碳纤维复合材料芯中的基团种类基本不变。相比于未老化样品，水煮后样品的-OH 峰强明显变强，这可能是水分子浸入导致。此外还注意到，在水煮 28 天的样品红外谱线中，位于 $1182cm^{-1}$ 的峰强明显变弱，可能是环氧树脂中的部分醚键受到破坏，但其余官能团的相对峰强变化不大，因此认为盐水煮环境对树脂基体化学结构的影响很小。

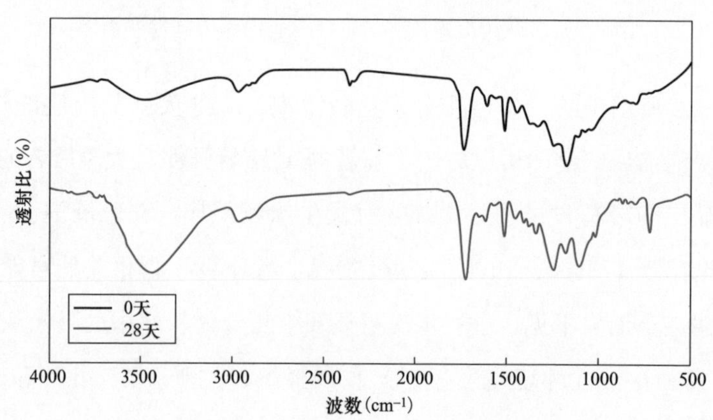


图 3－13　盐水煮碳纤维复合材料芯样品的红外光谱图

通过热失重分析不同介质环境中浸泡不同时间的样品可分解质量的变化。

碳纤维是一种含碳量高达 90%以上的无机高分子纤维材料。在热失重试验中碳纤维不会分解，热失重过程主要是环氧树脂基体（含固化剂等添加剂）以及表层有机纤维的分解，热分解完全后样品中的剩余成分即为碳纤维。

未老化碳纤维复合材料芯的热失重测试结果如图 3－14 所示。可以看到，在 50～1000℃，热失重曲线只有一个台阶；600℃后，样品的质量基本稳定，说明碳纤维复合材料芯中其他主成分即环氧树脂和有机纤维都在 200～600℃温度范围内基本分解完，剩余未能分解的成分即为碳纤维，由热失重分析可得未老化的碳纤维复合材料芯中碳纤维含量占 70%左右。

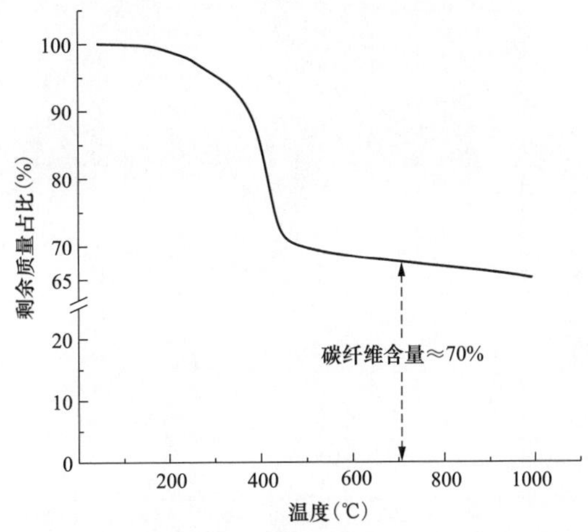


图 3－14　未老化碳纤维复合材料芯的热失重测试结果

在酸、碱溶液中浸泡不同时长的碳纤维复合材料芯样品的热失重曲线如图 3－15 所示。与老化前的样品相比，酸浸泡的样品热分解完全后，剩余质量占比只有轻微增加，没有呈现一定的规律性，考虑到碳纤维复合材料芯中各成分的分布不完全均匀，在分散性允许范围内，可认为酸浸泡老化后样品中树脂基体（含添加剂）的含量无明显变化；随着碱溶液浸泡天数的增加，样品热分解完全后的剩余质量占比有所增加，说明样品中碳纤维的含量提高，树脂基体（含添加剂）的含量减少。这也从质量的角度证明样品中的环氧树脂在酸、碱溶液中发生了降解，并且随浸泡周期的延长，树脂基体的损失越严重，复合界面也可能因此受到影响。

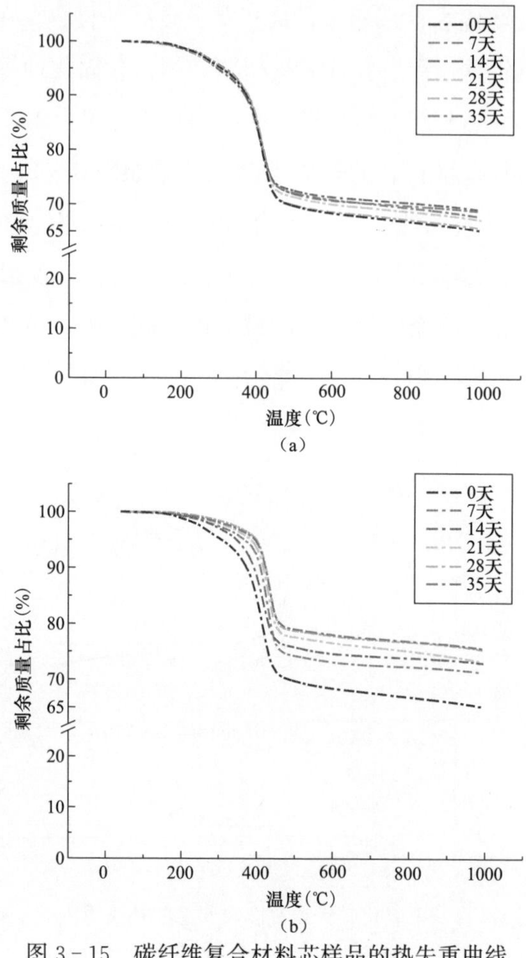


图 3-15　碳纤维复合材料芯样品的热失重曲线

(a) 酸浸泡；(b) 碱浸泡

在高温、高湿（盐水煮）环境中浸泡不同时长的碳纤维复合材料芯样品的热失重曲线如图 3-16 所示。随着浸泡天数的增加，样品热分解完全后的剩余质量占比也有所增加，说明样品中碳纤维的含量提高，树脂基体（含添加剂）的含量减少，说明树脂在水煮环境下遭到破坏，导致质量减少。结合傅立叶变换红外反射（Fourier transform infrared reflection，FTIR）分析，树脂及添加剂的化学结构受水煮环境的影响不大，水煮主要是对树脂造成物理破坏，树脂含量的减少是由于水分子在高温激励下迅速浸入样品内部，引起树脂溶胀、脱落导致，且树脂含量主要在前期减少，证明在水煮条件下样品的老化过程主要集中在浸泡前期，在这期间样品的老化速度最快，宏观上则体现为浸泡前期样品的弯曲性能迅速衰减。

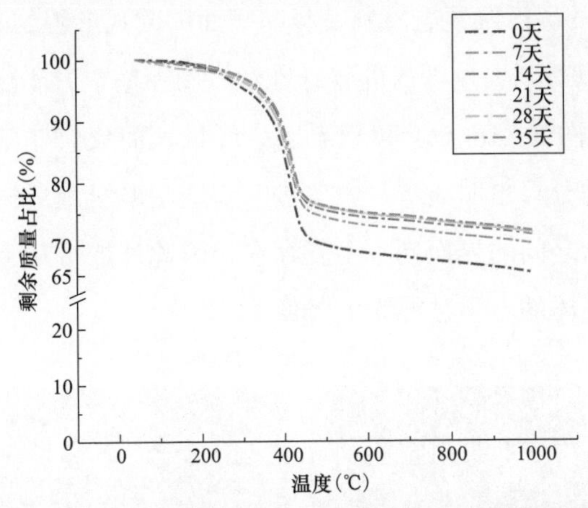


图 3 - 16　盐水煮碳纤维复合材料芯样品的热失重曲线

利用扫描电子显微镜（SEM）观察浸泡前后碳纤维复合材料芯内部的微观形貌变化。未老化碳纤维复合材料芯样品表面的微观形貌如图 3 - 17 所示，可以看到碳纤维表面以及纤维之间覆盖了大量环氧树脂基体，放大局部区域［如图 3 - 17（c）所示］，能够清楚地看到环氧树脂平整、光滑，呈一层完整的片

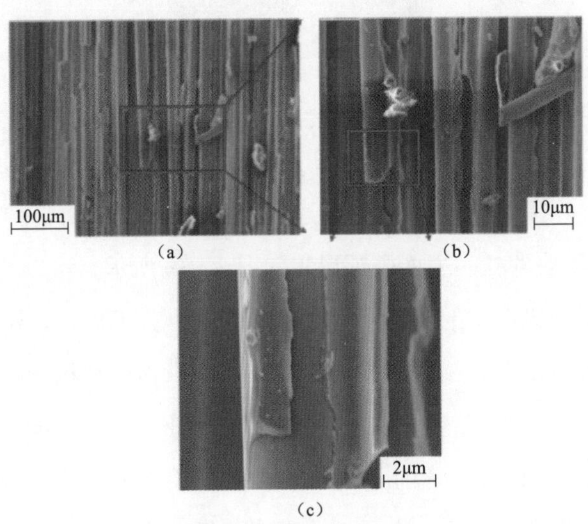


图 3 - 17　未老化碳纤维复合材料芯样品表面的微观形貌

(a) 100μm；(b) 10μm；(c) 2μm

状包覆在纤维表面，与碳纤维之间的界面结合紧密，说明树脂基体能通过界面有效地向碳纤维传递应力。

碱浸泡 28 天的碳纤维复合材料芯样品表面的微观形貌如图 3－18 所示，从图 3－18（a）可以看到大量裸露的碳纤维丝，周围基本看不到树脂基体，放大至图 3－18（b）、图 3－18（c）可以看出，纤维表面仅有非常少量的树脂碎屑残留，纤维之间的分界也明显露出，这进一步证明碱浸泡后树脂基体基本被降解完全，纤维树脂之间的界面基本不复存在，因此外加载荷无法有效传递给碳纤维，导致材料整体的力学性能大大降低。

图 3－18　碱浸泡 28 天的碳纤维复合材料芯样品表面的微观形貌

(a) 100$\mu$m；(b) 10$\mu$m；(c) 2$\mu$m

盐水煮 28 天后的样品表面微观形貌如图 3－19 所示，可以看到纤维表面包覆的树脂基体受到更严重的侵蚀，树脂厚度变得十分不均匀，树脂表面也变得更加粗糙，放大后如图 3－19（c）所示，可以看出界面结构遭到明显破坏，树脂基体呈现出形似“蜂窝”的样貌，这应该是水分子渗入侵蚀导致。可见，吸湿和高温的双重作用会导致树脂基体和界面的形貌受到严重破坏，基体和界面都不再是致密、平整的结构，界面黏合程度下降，从而使得应力传递能力受到影响，导致碳纤维复合材料芯的弯曲性能下降。

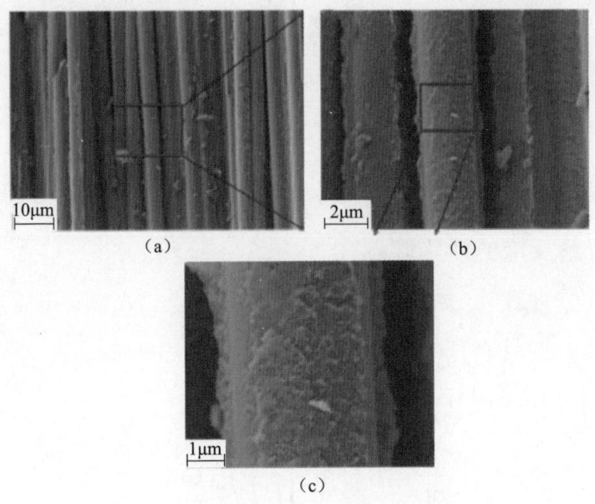


图 3-19 盐水煮 28 天的样品表面微观形貌

(a) 10μm；(b) 2μm；(c) 1μm

### 3.3.5 老化寿命预测

(1) 热解动力学模型。固体复合材料在热解过程中遵循的反应动力学方程有如下形式：

$$\frac{\mathrm{d}\alpha}{\mathrm{d}t}=k(T)f(\alpha) \tag{3-1}$$

式中 $\alpha$——$t$ 时刻的转化率，反映了分解的程度；

$k(T)$ ——反应速率常数，是一个温度的函数；

$f(\alpha)$ ——反应机理函数。

在热分解中，反应转化率 $\alpha$ 指的是在一定时间下已分解部分与总失重量的比值，根据定义可得到转化率的计算公式如下：

$$\alpha=\frac{m_{\mathrm{i}}-m}{m_{\mathrm{i}}-m_{\mathrm{f}}} \tag{3-2}$$

式中 $m$——某一时刻或温度下的实际质量；

$m_{\mathrm{i}}$——反应初始质量；

$m_{\mathrm{f}}$——反应结束后的最终质量。

对于反应速率常数 $k(T)$，阿伦尼乌斯方程所描述的速率常数-温度的关系最为常用，见式（3-3）：

$$k(T)=A\exp\left(-\frac{E}{RT}\right) \tag{3-3}$$

式中 $A$——指前因子；

$E$——分解反应的活化能；

$R$——气体常数［8.314J/（mol·K）］；

$T$——热力学温度。

将式（3-3）代入式（3-1）中，得

$$\frac{\mathrm{d}\alpha}{\mathrm{d}t}=A\exp\left(-\frac{E}{RT}\right)f(\alpha) \tag{3-4}$$

将式（3-4）两边同时除以升温速率 $\beta=\mathrm{d}T/\mathrm{d}t$，可以得到非等温条件下常用的热分解动力学方程。

$$\frac{\mathrm{d}\alpha}{\mathrm{d}T}=\frac{A}{\beta}\exp\left(-\frac{E}{RT}\right)f(\alpha) \tag{3-5}$$

后续将基于式（3-5），结合热失重测试求解计算碳纤维复合材料芯棒的活化能。

（2）碳纤维复合材料芯棒的热失重结果。碳纤维是一种含碳量高达90%以上的无机高分子纤维材料，耐热性能优异。在本试验所设的温度范围（常温～900℃）及氮气环境下，碳纤维不会发生分解，也就是说，碳纤维复合材料芯样品的热失重过程主要是环氧树脂基体的分解，热分解完全后的剩余成分为碳纤维和残碳。

为避免干扰，将全新碳纤维复合材料芯棒表面缠绕的有机纤维丝锉去，用酒精擦拭样品表面，然后将其研磨成粉末，并放置在40℃的恒温干燥箱干燥，作为测试样品备用。热失重测试采用TGA4000仪器在干燥的流速为100mL/min氮气氛围进行，每次测试量取质量为5～10mg的样品，分别设置5、10、20、25K/min的升温速率，温度范围从室温到900℃。

不同升温速率下碳纤维复合材料芯的TG曲线和DTG曲线分别如图3-20和图3-21所示，可以看出，随着升温速率的增加，热失重曲线和DTG曲线

均往高温方向移动，起始分解温度、终止分解温度以及分解速率最大时的温度（即 DTG 曲线中的峰顶温度）都有轻微增加。从热失重过程的变化来看，不同升温速率下样品热失重的变化趋势相同，说明在不同升温速率下碳纤维复合材料芯的反应机理函数是一致的。

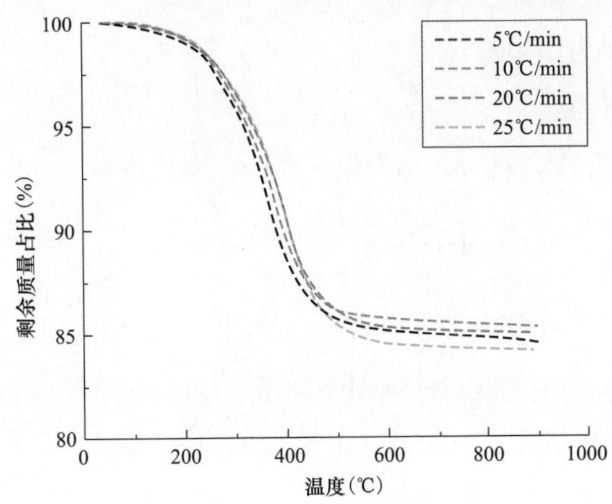


图 3-20　不同升温速率下碳纤维复合材料芯的 TG 曲线

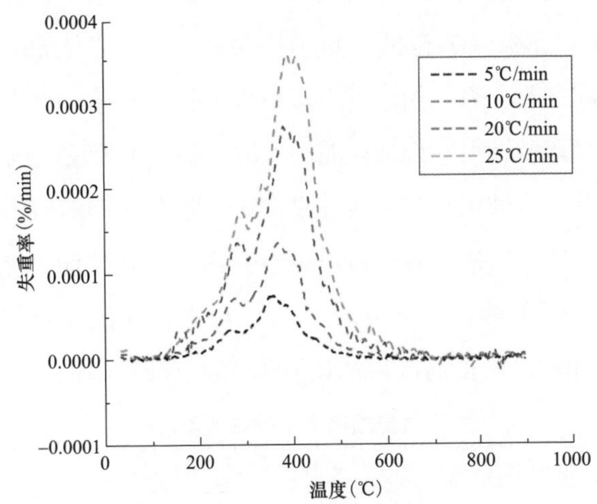


图 3-21　不同升温速率下碳纤维复合材料芯的 DTG 曲线

（3）Flynn-Wall-Ozawa 法。Flynn-Wall-Ozawa（F-W-O）法是一种基于积分的动态方法，对式（3-5）进行分离变量积分，得

$$G(\alpha)=\int_0^{\alpha}\frac{\mathrm{d}\alpha}{f(\alpha)}=\frac{A}{\beta}\int_0^{T}\exp\left(-\frac{E}{RT}\right)\mathrm{d}T=\frac{AE}{\beta R}P(u) \tag{3-6}$$

式中　$A$——指前因子；

$E$——分解反应的活化能；

$R$——气体常数［8.314J/（mol·K）］；

$T$——热力学温度；

$\beta=\mathrm{d}T/\mathrm{d}t$——升温速率。

其中，$u=E/RT$，$P(u)$ 称为温度积分，形式如下：

$$P(u)=\int_{\infty}^{u}\frac{\exp(-u)}{u^2}\mathrm{d}u \tag{3-7}$$

由于式（3-7）在数学上无解析解，使用多利近似式来求解：

$$P(u)=0.00484\exp(-1.0516u) \tag{3-8}$$

联立式（3-8）和式（3-6），并在等式两边同取对数，得到F-W-O公式：

$$\ln\beta=\ln\left[\frac{AE}{RG(\alpha)}\right]-5.3305-1.0516\frac{E}{RT} \tag{3-9}$$

由于不同升温速率 $\beta_i$ 下 DTG 曲线峰顶温度 $T_{pi}$ 对应各个 $\alpha$ 近似相等，因此在 0～$\alpha_p$（$\alpha_p$ 为最大转化率）范围内 $\ln[AE/RG(\alpha)]$ 可以认为是相等的，此时有 $\ln(\beta)$ 与 $1/T$ 满足线性关系，由斜率可求得活化能 $E$ 的值。该方法的优势在于不需要设定反应机理函数即可实现活化能的求解，避免了因反应机理函数不同而可能带来的计算误差，常被用来检验通过假设反应机理函数求出的活化能数值。

下面采用 F-W-O 法求取碳纤维复合材料芯的活化能。从 DTG 曲线中读取的不同升温速率下的峰顶温度见表 3-4，对进行线性拟合如图 3-22 所示，拟合系数 $R^2=0.99971$，进而求得活化能为 168.76kJ/mol。

**表 3-4　　不同升温速率下的峰顶温度**

| 升温速率 $\beta$（℃/min） | $T_p$（℃） | $T_p$（K） |
|---|---|---|
| 5 | 359.500 | 631.650 |
| 10 | 372.333 | 644.483 |
| 20 | 386.667 | 658.817 |
| 25 | 390.833 | 662.983 |

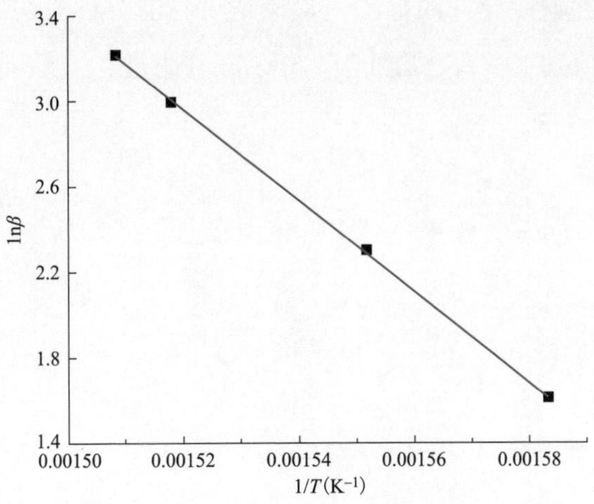


图 3-22　F-W-O 法的线性拟合结果

（4）Kissinger 法。Kissinger 法提出另一计算活化能的方式，假设反应机理函数 $f(\alpha)$ 如下形式：

$$f(\alpha)=(1-\alpha)^n \tag{3-10}$$

联立式（3-10）和式（3-5），并对两边微分，得

$$\frac{\mathrm{d}^2\alpha}{\mathrm{d}T^2}=\frac{\mathrm{d}\alpha}{\mathrm{d}t}\left[\frac{E}{RT^2}-\frac{An}{\beta}(1-\alpha)^{n-1}\exp\left(-\frac{E}{RT}\right)\right] \tag{3-11}$$

进一步假定在曲线峰顶温度 $T_{\mathrm{pi}}$ 处热分解反应速率最大，即

$$\frac{\mathrm{d}^2\alpha}{\mathrm{d}T_{\mathrm{pi}}^2}=0 \tag{3-12}$$

Kissinger 证明 $n(1-\alpha_{\max})^{n-1}\approx 1$，并认为与反应级数无关。在温度 $T_{\mathrm{pi}}$ 处，对式（3-11）取自然对数得到 Kissinger 公式：

$$\ln\left(\frac{\beta}{T_{\mathrm{pi}}^2}\right)=\ln\left(\frac{AR}{E}\right)-\frac{E}{\mathrm{R}}\frac{1}{T_{\mathrm{pi}}} \tag{3-13}$$

由不同升温速率下的热失重测试，可以得到一组相应的 $T_{\mathrm{pi}}$，以 $\ln\left(\frac{\beta}{T_{\mathrm{pi}}^2}\right)$ 对 $\frac{1}{T_{\mathrm{pi}}}$ 进行线性拟合，斜率为 $-E/R$，进而可求取活化能的数值。

$T_{\mathrm{pi}}$ 取值同表 3-4，拟合曲线如图 3-23 所示，计算得到活化能为

166.79kJ/mol。在误差允许的范围内，该结果与前一种方法（F－W－O法）计算的活化能数值基本一致，均处于170kJ/mol附近。

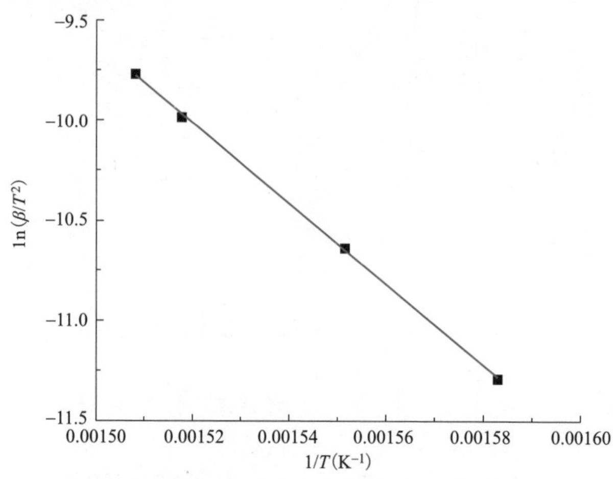


图3－23　Kissinger法的线性拟合曲线

（5）不同转化率下的活化能。对不同升温速率下的热失重测试结果，选取相同的转化率$\alpha$，则反应机理函数$G(\alpha)$是恒定值，在F－W－O法中仍满足$\ln(\beta)$和$1/T$呈线性关系，进而可以从拟合斜率值求得活化能。基于F－W－O法得到不同转化率$\alpha$下的拟合曲线如图3－24所示，从图3－24中可以看出，这几条拟合曲线近似平行，说明不同转化率下的活化能数值在一定范围内变化不大。根据各拟合曲线的斜率得到不同转化率下的活化能，活化能随转化率的变化曲线如图3－25所示，可以表示整个热分解过程中碳纤维复合材料芯活化能的变化情况，在反应前期和中期活化能数值基本维持稳定，反应中后期活化能数值有所增加，这可能是由于随着温度升高，反应进一步加深，导致物理和化学交联的环氧树脂分子开始断裂，因此需要更多能量参与，活化能达到最大；将不同转化率下的活化能取平均值，得到碳纤维复合材料芯的热解反应平均活化能为175.24kJ/mol，与F－W－O法和Kissinger法的计算结果相差不大。

（6）使用寿命预测。从转化率－活化能的关系，可以判断热分解反应的复杂程度。根据前面得到的活化能与转化率的关系可知，活化能数值随转化率的

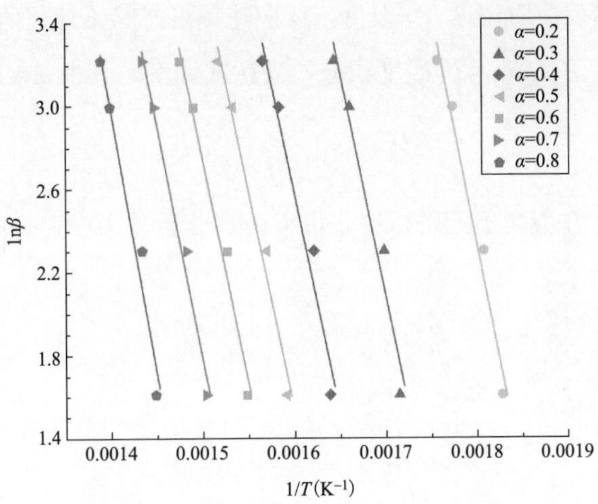


图 3-24 不同转化率下的线性拟合结果

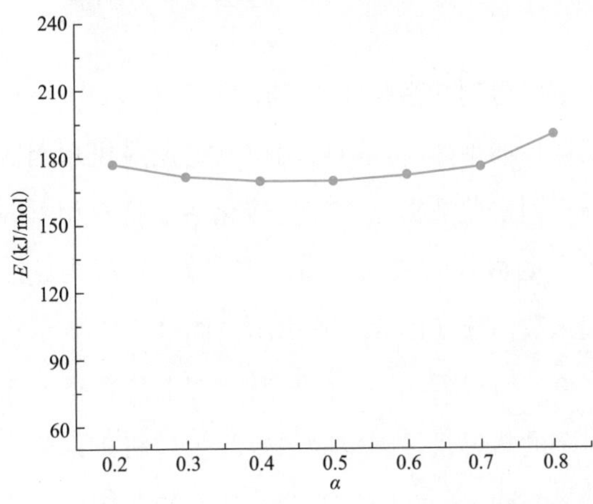


图 3-25 活化能随转化率的变化曲线

变化很小，可以认为该反应过程遵循单一的反应机理函数。非等温条件下常用的热分解动力学方程如下：

$$\frac{\mathrm{d}\alpha}{\mathrm{d}T}=\frac{A}{\beta}\exp\left(-\frac{E}{RT}\right)f(\alpha) \tag{3-14}$$

移项后两端同时积分得

$$G(\alpha)=\int_{T_0}^{T}\frac{A}{\beta}\exp\left(-\frac{E}{RT}\right)\mathrm{d}T\approx\int_{0}^{T}\frac{A}{\beta}\exp\left(-\frac{E}{RT}\right)\mathrm{d}T=\frac{AE}{\beta R}P(u) \tag{3-15}$$

考虑到开始反应时温度 $T_0$ 较低，反应速率可忽略不计，两侧可在 0～$\alpha$ 和 0～$T$ 之间积分。$P(u)$ 称为温度积分，表达式如下，其中 $u=E/RT$。

$$P(u)=\int_{-\infty}^{T}-\frac{e^{-u}}{u^2}du \tag{3-16}$$

由于 $P(u)$ 在数学上无解析解，可以由热分析动力学 Doyle 积分近似公式得到近似解：

$$P(u)=0.00484e^{-1.0516u} \tag{3-17}$$

若以 $\alpha=0.5$ 为参考点，可得

$$G(0.5)=\frac{AE}{\beta R}P(u_{0.5}) \tag{3-18}$$

进一步可得

$$\frac{P(u)}{P(u_{0.5})}=\frac{G(\alpha)}{G(0.5)} \tag{3-19}$$

将在转化率范围内得到的活化能 $E$ 和温度 $T$ 代入式（3-19）左端，可得到一系列实验数据点。如果热解反应可用单一的反应机理函数描述，则不同升温速率下产生的一系列实验数据点在相同转化率下将互相重叠。将转化率和各种可能的动力学模式函数代入式（3-19）右端，则可构成标准函数曲线。几种常见的反应机理函数曲线如图 3-26 所示。图 3-27 所示给出了在不同升温速率下的实验数据点，可以看出，4 种升温速率下的数据点几乎全部重叠，表明碳纤维复合材料芯的热失重过程遵循单一的反应机理函数。同时，这些数据随转化率的变化趋势与图 3-26 中的曲线（18）趋势相同，说明复合材料芯的反应机理函数遵循 $f(\alpha)=(1-\alpha)^n$ 模型；进一步计算发现当 $n=3$ 时实验数据与标准函数的趋势最贴近，即反应机理函数为 $G(\alpha)=\frac{1}{3}[(1-\alpha)^{-3}-1]$；多次修正计算后发现当 $n$ 修正为 3.3 时，与实验数据的拟合度最优，由此确定碳纤维复合材料芯的反应机理函数为 $G(\alpha)=\frac{1}{3.3}[(1-\alpha)^{-3.3}-1]$。

采用 Coast-Redfern 法可将反应机理函数纳入，由曲线拟合求取指前因子 A，并通过对比活化能的差异性来验证反应机理函数的正确性。其方程如下：

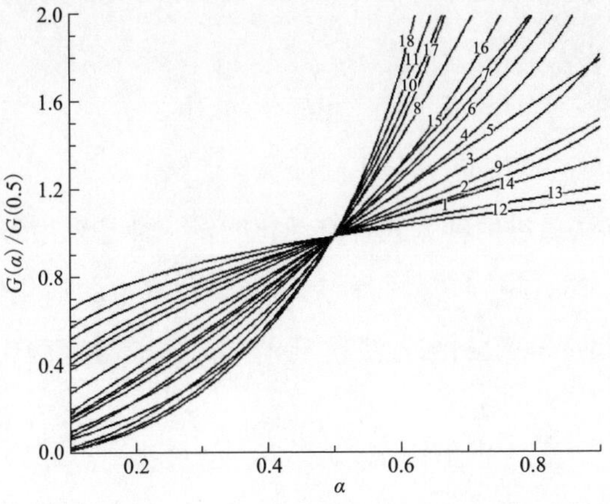

图 3-26　几种常见的反应机理函数曲线

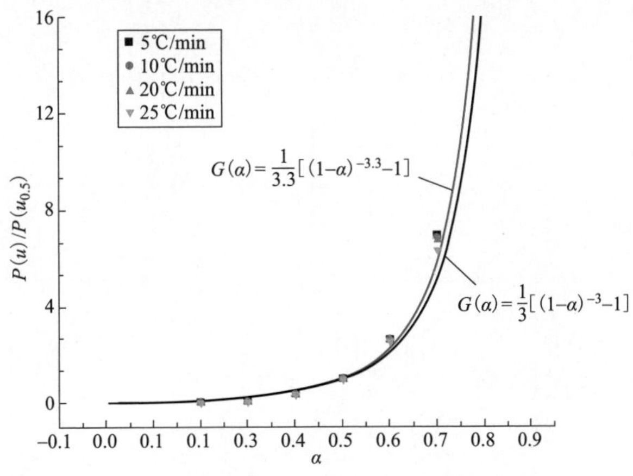


图 3-27　不同升温速率下的反应机理函数拟合

$$\ln\left[\frac{G(\alpha)}{T^2}\right]=\ln\left(\frac{AR}{\beta E}\right)-\frac{E}{RT} \tag{3-20}$$

$\ln[G(\alpha)/T^2]$ 与 $1/T$ 满足线性关系，由截距得到 $A$ 值，由斜率可得 $E$ 值。选取升温速率为 10℃/min 的试验数据，结合前面得到的反应机理函数进行拟合计算，得到拟合曲线如图 3-28 所示，计算得到活化能为 160.35kJ/mol，指前因子 $A$ 为 $2.14\times10^{12}\mathrm{s}^{-1}$。根据已有研究成果，由 Coast-Redfern 法得到的活化能 $E$c 和指前因子 $A_C$ 分别与 F-W-O 法得到的活化能 $E_F$ 和 Kissinger 法

得到的 $A_K$ 比较，当同时满足以下条件时，可以验证反应机理函数 $G(\alpha)$ 的正确性。

$$|E_F - E_C|/E_F \leqslant 0.1 \tag{3-21}$$

$$|\lg A_C - \lg A_K|/\lg A_K \leqslant 0.1 \tag{3-22}$$

基于 F-W-O 法通过两种方式计算活化能，一种是采用 DTG 曲线中峰顶温度得到 $E_{F1}=168.76\text{kJ/mol}$，另一种是不同转化率下的活化能平均值 $E_{F2}=175.24\text{kJ/mol}$；将 Coast-Redfern 法得到的 $E_C$ 分别与这两个值比较，得到 $\frac{|E_{F1}-E_C|}{E_{F1}}=0.05\leqslant 0.1$、$\frac{|E_{F2}-E_C|}{E_{F2}}=0.085\leqslant 0.1$，均满足条件。基于 Kissinger 公式计算得到的 $\lg A_K=13.19$，Coast-Redfern 法得到的 $\lg A_C=12.33$，得到 $\frac{|\lg A_C-\lg A_K|}{\lg A_K}=0.065<0.1$，因此以上两个条件均能满足，证明推估的反应机理函数 $G(\alpha)=\frac{1}{3.3}\left[(1-\alpha)^{-3.3}-1\right]$ 适用于碳纤维复合材料芯的热分解反应机制。

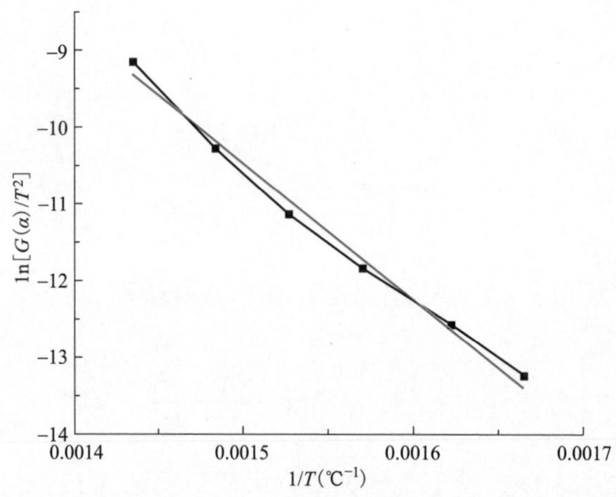


图 3-28 Coast-Redfern 法拟合结果

碳纤维复合材料芯的老化过程，本质上是复合材料受到诸如光照、温度、湿度等因素影响而发生的裂解与劣化现象，其化学反应速率的快慢将决定材料的使用寿命。因此，可通过在某一运行状态下的化学反应速率与状态参量，实

现对复合材料剩余使用寿命的预测；通过热失重曲线求取活化能、反应机理函数和指前因子这三个热解动力学状态参数，从而可以对碳纤维复合材料芯的寿命进行评估。

对热解反应动力学方程进行积分变换，可得

$$G(\alpha)=\int_0^\alpha \frac{d\alpha}{f(\alpha)}=k(T)t=A\exp\left(-\frac{E}{RT}\right)t \tag{3-23}$$

进一步变形为

$$t=\frac{G(\alpha)}{k(T)} \tag{3-24}$$

由式（3-24）可知，材料在某一运行状态下的使用寿命，可转变为求解材料劣化或裂解所遵循的某种反应机理函数 $G(\alpha)$，以及该运行状态下的反应速率常数 $k(T)$。

已有研究，当聚合物的质量损失达到5%时，即可认为材料的使用寿命终止，由此作为寿命终点的判据。根据碳纤维复合材料芯的热失重测试结果，当其质量损失5%时，对应的转化率 $\alpha$ 约为34%，由研究获得的热解动力学参数可计算出不同温度对应的化学反应速率常数 $k(T)$，与反应机理函数 $G(\alpha)$ 一并代入式（3-24），可得到不同温度下碳纤维复合材料芯的使用寿命见表3-5。

**表3-5　　不同温度下的使用寿命**

| 温度 $T$（℃） | 反应速率常数 $k(T)$［mol/（L·s）］ | 使用寿命 $t$（年） |
|---|---|---|
| 120 | $9.71598\times10^{-12}$ | 2907 |
| 130 | $3.69777\times10^{-11}$ | 764 |
| 140 | $1.31894\times10^{-10}$ | 214 |
| 150 | $4.42942\times10^{-10}$ | 63 |
| 160 | $1.40643\times10^{-9}$ | 20 |
| 170 | $4.23832\times10^{-9}$ | 7 |
| 180 | $1.2164\times10^{-8}$ | 2 |
| 190 | $3.33538\times10^{-8}$ | 0.85 |
| 200 | $8.7631\times10^{-8}$ | 0.32 |

由表3-5可知，随着导线工作温度的升高，碳纤维复合材料芯的使用寿命

会逐渐下降。根据计算结果，当持续工作温度为 150℃，碳纤维复合材料芯的使用寿命约为 63 年。当工作温度达 190℃（玻璃化转变温度）时，绝缘子寿命约为 0.85 年。导线工作温度对碳纤维复合材料芯的使用寿命的寿命影响较大。

以上研究采用的老化寿命预测方法，是通过短时实验获得碳纤维复合材料芯的活化能和反应机理函数，通过材料的本征特性参数来预测使用寿命。需要说明的是，因不同类型环氧树脂所采用的基料类型、固化剂不同，且固化工艺也存在差异，表现出的预期寿命将有所差别。在理论上，对于同一热分解反应，用不同方法得到的热动力学参数应在误差范围内基本一致，且所反应机理函数应是唯一确定的，但实际上并非如此。由于测试手段的限制，对热分解反应动力学研究仍是宏观的，得到的结论只适用于总包反应。由于不知道固体热分解反应“真实的”反应机理函数，常将反应机理函数假定为简单级数反应，由此求出表观反应级数、活化能和指前因子。然而，固体热分解反应非常复杂，简单级数往往不能描述非均相固体反应的真实动力学过程，实际过程可能偏离假定模式。

此外，考虑到碳纤维导线的实际工作环境，除了运行温度外，还会受到高湿、盐、酸、碱、紫外线等环境因素的影响，这些老化因素可能会对材料活化能造成一定影响，在可容许的活化能变化范围内采用全新样品得到的使用寿命仍具有一定的代表性，若老化后材料的活化能结果偏离较大，可以考虑对该状态下的材料重新评估，得到其剩余寿命。

# 4　绞合型碳纤维复合材料芯导线性能

绞合型碳纤维复合材料芯导线是由铝（或铝合金）线与绞合型碳纤维复合材料芯同心绞合而成。目前已有应用的主要为绞合型碳纤维复合材料芯软铝型线绞线。绞合型碳纤维复合材料芯导线性能主要有抗拉强度、弹性模量、蠕变、线膨胀系数、载流量、弧垂、机械动力学、长期热循环等方面。

## 4.1　主要性能参数

### 4.1.1　抗拉强度

绞合型碳纤维复合材料芯软铝型线绞线的额定拉断力（rated tensile strength，RTS）应为软铝线计算截面积与其最小抗拉强度乘积的96%和复合材料芯计算拉断力之和。通过拉断力试验获得绞合型碳纤维复合材料芯的拉断力，要求绞合型复合材料芯导线常温下应能承受不小于额定拉断力95%的拉力，高温下应能承受不小于额定拉断力85%的拉力。

绞合型碳纤维复合材料芯导线的强度等级取决于复合材料芯，导线产品型号规格表示方法如图4-1所示。

其中，绞合型碳纤维复合材料芯温度级别A、B表示长期允许使用温度分别为120、160℃，强度等级1、2表示最小抗拉强度分别为2100、2400MPa。绞线分为软铝型线（JLRX，推荐的截面形状分为1、2两种，1为梯形截面；2为“S/Z”截面）和耐热铝合金线。

拉力试验见表4-1，试验方法参照GB/T 32502—2016《复合材料芯架空导线》，对绞合型复合材料芯软铝型线绞线JLRX1/JTF1B-400/35-247开展

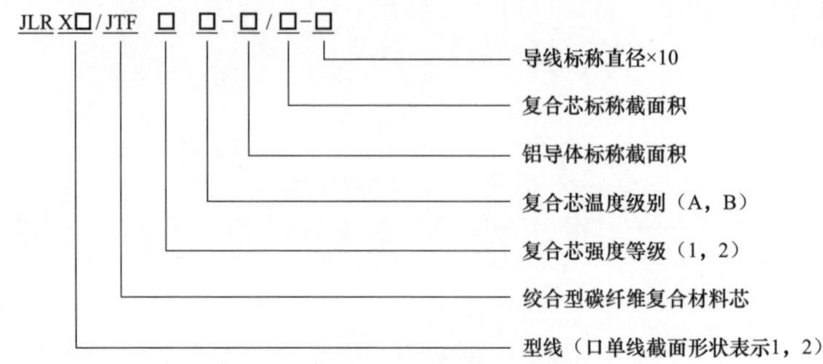


图 4-1 导线产品型号规格表示方法

了室温拉断力试验和高温拉断力试验，试验结果达到了复合材料芯抗拉强度 2100MPa 的水平，导线在室温和高温下的拉断力也分别不小于额定拉断力的 95％和 85％。其中，高温拉断力试验中复合材料芯导线采用通电加热至导线最高允许运行温度（160℃），并高温保持 1h，温度偏差控制在±3℃以内，然后在高温下进行拉断力试验；高温导线拉断后断口均位于导线加热段区间内。

**表 4-1　　拉力试验**

<table>
<tr><th rowspan="2">型号</th><th colspan="5">拉断力（kN）</th></tr>
<tr><th>RTS</th><th>95％RTS</th><th>常温试验值</th><th>85％RTS</th><th>高温试验值</th></tr>
<tr><td rowspan="3">JLRX1/JTF1B-400/35-247</td><td rowspan="3">95.28</td><td rowspan="3">90.52</td><td>98.71</td><td rowspan="3">80.99</td><td>81.95</td></tr>
<tr><td>104.1</td><td>84.23</td></tr>
<tr><td>96.51</td><td>84.92</td></tr>
</table>

### 4.1.2 弹性模量

材料所受的应力在弹性范围内与应变成正比，这个正比关系和弹性模型有关，即：应力＝弹性模量×应变。弹性模量一般指拉伸弹性模量（也称为杨氏模量，用 $E$ 表示），弹性模量的单位和应用一样，可用 kPa 或 MPa 表示。弹性模量取决于材料的原子间的作用力，与材料成分相关。对绞合型碳纤维复合材料芯导线通过测定应力-应变特性曲线而获得其材料的弹性模量。

参照 GB/T 32502—2016《复合材料芯架空导线》中的附录 B，使用 500kN 液电卧式拉力试验机对 12m 长导线 JLRX1/JF1B-1660/150-505 和

JLRX1/JTF1B－400/35－247 开展应力和应变特性的测试，测试其弹性模量的结果分别是 61.5、58.8GPa，绞合型碳纤维复合材料芯导线应力-应变特性曲线如图 4－2 所示。

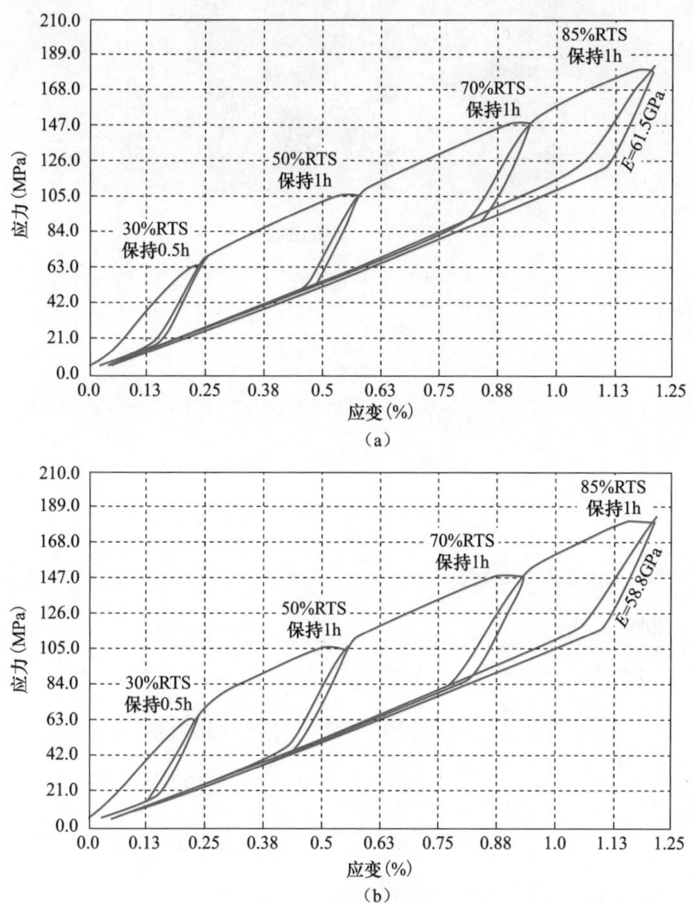


图 4－2 绞合型碳纤维复合材料芯导线应力-应变特性曲线

(a) JLRX1/JF1B－1660/150－505；(b) JLRX1/JF1B－400/35－247

### 4.1.3 蠕变特性

导线蠕变伸长量对张力放线和线路设计都很有用。参照 GB/T 1179—2017《圆线同心绞架空导线》中的蠕变试验方法，对导线型号 JLRX1/JTF1B－300/40－219 和 JLRX1/JTF1B－630/45－308 使用 50、100kN 蠕变试验机（蠕变试验机如图 4-3 所示）测定蠕变曲线，试验时间为 1000h。

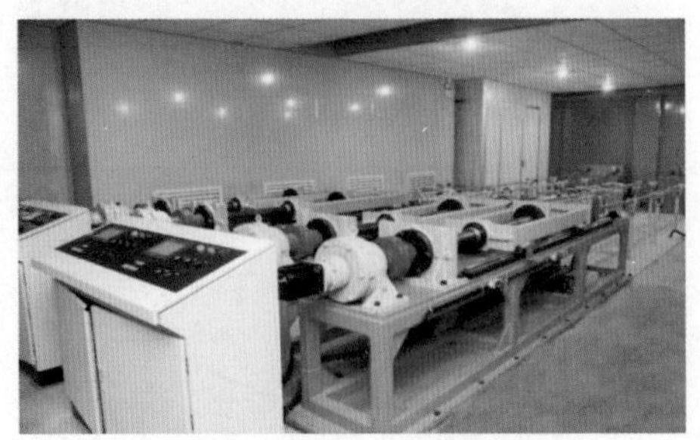

图 4-3 蠕变试验机

试验结果如下：

JLRX1/JTF1B-300/40-219 蠕变方程式：

$$\varepsilon_{10-1000}=77.71T^{0.197} \quad (15\%RTS) \tag{4-1}$$

$$\varepsilon_{10-1000}=174.49T^{0.185} \quad (25\%RTS) \tag{4-2}$$

$$\varepsilon_{10-1000}=309.13T^{0.165} \quad (40\%RTS) \tag{4-3}$$

式中 ε——单位长度伸长量，mm/km；

$T$——时间，h。

JLRX1/JTF1B-630/45-308 蠕变方程式：

$$\varepsilon_{10-1000}=61.07T^{0.208} \quad (15\%RTS) \tag{4-4}$$

$$\varepsilon_{10-1000}=104.9T^{0.208} \quad (25\%RTS) \tag{4-5}$$

$$\varepsilon_{10-1000}=264.43T^{0.195} \quad (40\%RTS) \tag{4-6}$$

式中 ε——单位长度伸长量，mm/km；

$T$——时间，h。

JLRX1/JTF1B-300/40-219 蠕变曲线如图 4-4 所示，JLRX1/JTF1B-630/45-308 蠕变曲线如图 4-5 所示。

通过蠕变曲线推算在 15%RTS、25%RTS 和 40%RTS 的张力下导线（JLRX1/JTF1B-300/40-219）10 年（87600h）的蠕变量分别为 731、1433、2021mm/km；在 15%RTS、25%RTS 和 40%RTS 的张力下导线（JLRX1/JTF1B-630/45-308）10 年（87600h）的蠕变量分别为 651、1119、2433mm/km。

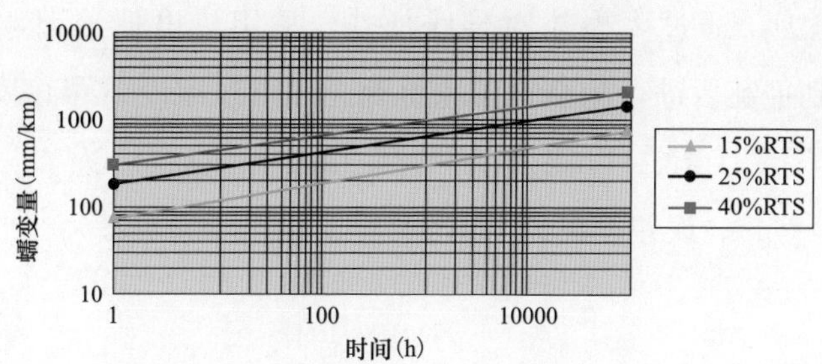


图 4-4 JLRX1/JTF1B-300/40-219 蠕变曲线

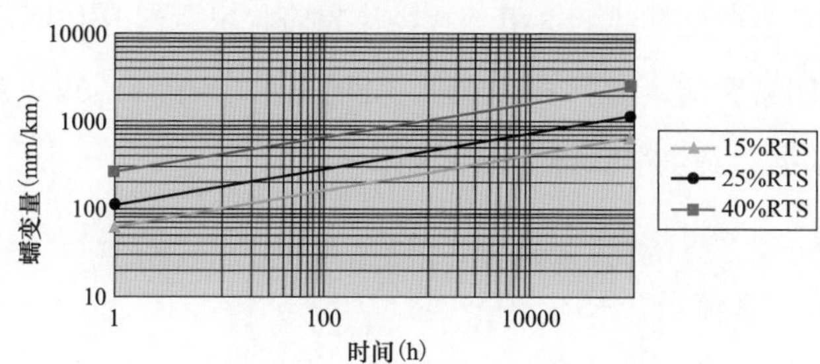


图 4-5 JLRX1/JTF1B-630/45-308 蠕变曲线

### 4.1.4 线膨胀系数

在钢芯铝绞线线膨胀系数计算公式的基础上，在计算碳纤维复合材料芯铝导线时，有如下修正计算公式：

$$A=k(E_sA_s+mE_aA_a)/(E_s+mE_a) \tag{4-7}$$

其中

$$k=(102-A_a/A_s)/100$$

式中 $E_s$——复合材料芯弹性模量，绞合型碳纤维复合材料芯一般取值为 115GPa；

$E_a$——铝线弹性模量，一般取值为 60.3GPa；

$A_s$——复合材料芯膨胀系数，绞合型碳纤维复合材料芯取值为 $1.0\times10^{-6}$℃$^{-1}$；

$A_a$——铝线线膨胀系数，一般取值为 $23.0\times10^{-6}$℃$^{-1}$；

$m$——铝/复合材料芯面积比。

开展导线型号为 JLRX1/JTF1B-400/35-247 的线膨胀系数试验，施加

10%RTS的张力，通过大电流对导线加热，采用热电偶测温，导线温度在30～160℃达到平衡后进行测试，实测得到迁移点温度以下导线线膨胀系数为16.1×$10^{-6}$℃$^{-1}$。JLRX1/JTF1B-400/35-247导线通过式（4-7）计算结果为15.7×$10^{-6}$℃$^{-1}$，误差率在5%以内。

## 4.2 载流量

导线载流量主要受导线的电阻、直径、表面状况、温升和环境温度、日照强度、风速等因素影响，参照GB 50545—2010《110kV～750kV架空输电线路设计规范》，根据稳态热平衡得导线载流量公式如下：

$$I=\sqrt{(W_R+W_F-W_S)/R_t} \tag{4-8}$$

式中 $I$——允许载流量，A；

$W_R$——单位长度导线的辐射散热功率，W/m；

$W_F$——单位长度导线的对流散热功率，W/m；

$W_S$——单位长度导线的日照吸热功率，W/m；

$R_t$——允许温度时导线的交流电阻，Ω/m。

对典型的计算参数（风速0.5m/s、日照强度100W/m$^2$、导体表面吸收系数0.9、导体辐射系数0.9、环境温度20～45℃），按式（4-8）计算得到绞合型碳纤维复合材料芯导线JLRX1/JTF1B-400/35-247在导线运行温度70～160℃范围的载流量，导线载流量计算结果见表4-2。

**表4-2　导线载流量计算结果**　(A)

| 型号规格 | 导线温度（℃） | 环境温度（℃） | | | | | |
|---|---|---|---|---|---|---|---|
| | | 20 | 25 | 30 | 35 | 40 | 45 |
| JLRX1/JF1B-400/35-247 | 70 | 876 | 816 | 751 | 679 | 599 | 506 |
| | 80 | 973 | 921 | 866 | 807 | 743 | 673 |
| | 90 | 1058 | 1012 | 963 | 913 | 859 | 801 |
| | 100 | 1132 | 1091 | 1048 | 1003 | 956 | 906 |
| | 110 | 1201 | 1163 | 1124 | 1083 | 1041 | 997 |
| | 120 | 1263 | 1228 | 1192 | 1155 | 1117 | 1077 |

续表

| 型号规格 | 导线温度（℃） | 环境温度（℃） | | | | | |
|---|---|---|---|---|---|---|---|
| | | 20 | 25 | 30 | 35 | 40 | 45 |
| JLRX1/JF1B-400/35-247 | 130 | 1321 | 1289 | 1256 | 1222 | 1187 | 1151 |
| | 140 | 1375 | 1345 | 1314 | 1283 | 1251 | 1217 |
| | 150 | 1426 | 1398 | 1370 | 1341 | 1311 | 1280 |
| | 160 | 1475 | 1449 | 1423 | 1395 | 1367 | 1339 |

对 IEC 61597—1995《架空导线　绞合裸导线的计算方法》推荐的计算参数（风速 1.0m/s、日照强度 900W/m$^2$、导体表面吸收系数 0.5、导体辐射系数 0.6、环境温度 20～45℃），按式（4-8）计算得到绞合型碳纤维复合材料芯导线 JLRX1/JTF1B-400/35-247 在导线运行温度 70～160℃范围的载流量，导线载流量计算结果见表 4-3。

**表 4-3　导线载流量计算结果**　(A)

| 型号规格 | 导线温度（℃） | 环境温度（℃） | | | | | |
|---|---|---|---|---|---|---|---|
| | | 20 | 25 | 30 | 35 | 40 | 45 |
| JLRX1/JF1B-400/35-247 | 70 | 1066 | 1003 | 937 | 865 | 788 | 703 |
| | 80 | 1156 | 1101 | 1043 | 981 | 916 | 847 |
| | 90 | 1235 | 1185 | 1133 | 1079 | 1022 | 962 |
| | 100 | 1304 | 1258 | 1211 | 1162 | 1111 | 1058 |
| | 110 | 1366 | 1324 | 1280 | 1236 | 1190 | 1142 |
| | 120 | 1421 | 1382 | 1342 | 1301 | 1259 | 1215 |
| | 130 | 1473 | 1436 | 1399 | 1361 | 1322 | 1282 |
| | 140 | 1520 | 1485 | 1450 | 1415 | 1378 | 1341 |
| | 150 | 1564 | 1531 | 1499 | 1465 | 1431 | 1396 |
| | 160 | 1605 | 1575 | 1544 | 1512 | 1480 | 1447 |

在无风、无日照和自然对流的实验室环境下，开展绞合型碳纤维复合材料芯导线 JLRX1/JF1B-400/35-247 载流量试验，无风、无日照和自然对流条件下载流量试验数据结果见表 4-4。

表 4-4　　无风、无日照和自然对流条件下载流量试验数据结果

| 型号规格 | 导线温度（℃） | 环境温度（℃） | 载流量（A） |
|---|---|---|---|
| JLRX1/JF1B-400/35-247 | 50.6 | 26.2 | 448 |
| | 60.5 | 26.4 | 528 |
| | 70.6 | 26.7 | 598 |
| | 80.4 | 27.0 | 658 |
| | 90.4 | 27.3 | 716 |
| | 100.2 | 27.5 | 768 |
| | 111.5 | 27.6 | 818 |
| | 120.5 | 27.8 | 866 |
| | 130.6 | 27.9 | 912 |
| | 140.7 | 28.2 | 954 |
| | 150.6 | 28.4 | 996 |
| | 160.4 | 28.5 | 1034 |

## 4.3　弧垂特性

### 4.3.1　弧垂计算方法

架空导线的弧垂定义为其上任意一点与两悬挂点连线间的垂直间距。在导线运行期间，由于其上载荷的变化和温度的上升都可能导致导线伸长，从而改变导线的张力和弧垂，因此为了在安装和操作期间保证导线的对地安全距离，有必要研究其弧垂特性。架空导线可以分为受力单元（内部芯线）和导电单元（外层绞线），两者的线膨胀系数差异很大，随着温度地不断升高，内部芯线与外层绞线的伸长量差异也不断累加，直到某一温度下，由量变产生质变，此时芯线和绞线的线长存在较大的差异，外层绞线的受力对于整根导线的张力影响很小，甚至处于受力为零的理想状态，而其全部负载都由内部芯线承担。通常情况下，这一时刻下的温度称作“拐点温度”。传统钢芯铝绞线的最大长期允许运行温度在 80℃左右，导线受力始终由钢芯和铝绞线共同承担，因此对于钢芯铝绞线无须考虑拐点温度对运行状态的影响。但对于绞合型碳纤维复合材料

芯导线，其长期允许运行温度可达到160℃以上，根据现有经验，碳纤维复合材料芯导线运行时由复合材料芯承受导线的全部张力，即运行在拐点温度以上，因此，在拐点温度以上碳纤维复合材料芯导线张力、弧垂的计算不同于传统导线，正确计算碳纤维复合材料芯导线弧垂的关键在于得到其拐点温度及对应的张力。

在送电线路导线应力计算中，一般不考虑各层线芯扭绞对应力产生的影响。那么整个导体、铝合金线、复合材料芯各自的变化伸长量（弹性伸长及热膨胀伸长总和）应该是相同的，即

$$\Delta s = \Delta s_a = \Delta s_c \tag{4-9}$$

式中 $\Delta s$——导线整体伸长量；

$\Delta s_a$——铝线伸长量；

$\Delta s_c$——复合材料芯伸长量。

单位长度伸长量可由弹性伸长量和热膨胀伸长量的总和得到，即

$$\Delta s = \frac{\sigma}{E} + \alpha(t - t_0) \tag{4-10}$$

式中 $\sigma$——导线应力；

$E$——导线弹性模量；

$\alpha$——导线线膨胀系数；

$t$——温度；

$t_0$——导线初始温度（取15℃）。

铝绞线和复合材料芯线的应力分别由式（4－11）和式（4－12）给出：

$$\sigma_a = \left[\frac{\sigma}{E} + (\alpha - \alpha_a)(t - t_0)\right] E_a \tag{4-11}$$

$$\sigma_c = \left[\frac{\sigma}{E} + (\alpha - \alpha_c)(t - t_0)\right] E_c \tag{4-12}$$

式中 $\sigma_a$——铝绞线的应力；

$\sigma_c$——复合材料芯线的应力；

$\alpha_a$——铝绞线的线膨胀系数；

$\alpha_c$——复合材料芯线的线膨胀系数；

$E_a$——铝绞线的弹性模量；

$E_c$——复合材料芯线的弹性模量。

当导线温度达到拐点温度时，铝绞线的应力变为零，由式（4-13）可求出拐点温度 $t_i$：

$$t_i=\frac{T_i}{EA(\alpha_a-\alpha)}+t_0 \tag{4-13}$$

式中 $T_i$——拐点温度时的导线张力。

导线的线长计算近似公式：

$$s=L\left(1+\frac{q^2L^2}{24T_0^2}\right) \tag{4-14}$$

式中 $q$——导线单位载荷；

$L$——档距；

$T_0$——导线最低点张力。

任一状态下导线的线长都等于导线初始状态的线长与变化伸长量的叠加，故由最大张力和拐点温度这两个状态可得

$$\frac{L^2}{24}\left[\left(\frac{q_i}{T_i}\right)^2-\left(\frac{q_m}{T_m}\right)^2\right]=\frac{T_i-T_m}{EA}+\alpha(t_i-t_m) \tag{4-15}$$

式中 $q_i$——拐点温度时的导线单位载荷；

$q_m$——最大张力状态下的导线单位载荷；

$T_i$——拐点温度时的导线张力；

$T_m$——导线最大张力；

$t_i$——拐点温度；

$t_m$——最大张力状态下的导线温度。

将拐点温度计算公式代入式（4-15）后化简得到关于拐点张力 $T_i$ 的一元三次方程：

$$AT_i^3+BT_i^2=C \tag{4-16}$$

其中：

$$A=\frac{\alpha_c}{\alpha_c-\alpha}T_i^3$$

$$B=\frac{EAq_m^2L^2}{24T_m^2}+\alpha EA(t_0-t_m)-T_m$$

$$C=\frac{EA(q_i\mathrm{L})^2}{24}$$

通过牛顿迭代或判别式法可求得拐点张力，进而得到拐点温度。

在拐点温度以上，复合材料芯承受导线全部应力，此时导线的线膨胀系数和弹性模量完全取决于复合材料芯的相关参数，此时以拐点温度为已知状态，基于线长及伸长量公式，可得到拐点温度以上导线张力和温度满足以下方程，由此可求解任一温度时的导线张力。

$$\frac{L^2q_i^2}{24}\left[\left(\frac{1}{T}\right)^2-\left(\frac{1}{T_i}\right)^2\right]=\frac{T-T_i}{E_cA_c}+\alpha_c(t-t_i) \tag{4-17}$$

求得导线张力后，可由弧垂近似公式得到对应状态下的导线最大弧垂 $f_{max}$：

$$f_{max}=\frac{qL}{8T_0} \tag{4-18}$$

在拐点温度以下，碳纤维复合材料芯导线的张力、弧垂计算方法同传统钢芯铝绞线一样，基于导线状态方程求解即可。

### 4.3.2 弧垂计算分析

为研究碳纤维复合材料芯导线的弧垂特性，采用同型号的钢芯铝绞线和碳纤维复合材料芯导线进行弧垂的计算和比较，两种导线型号分别为 LGJ－300/40、JRLX1/JF1B－300/40－219；导线档距 300m，运行温度范围 10～180℃；钢芯铝绞线和碳纤维复合材料芯导线在其各自长期允许运行温度（分别为 80℃和 160℃）下，档距范围 100～500m。

架空导线的拐点温度主要受档距大小的影响，绞合型碳纤维复合材料芯导线在档距为 100～1000m 的拐点温度值见表 4－5，可以看出，在档距小于 500m 的范围内，两种碳纤维复合材料芯导线的拐点温度均随着档距的增加而迅速增大；档距大于 500m 后，拐点温度逐渐趋于平缓；在全档距范围内，碳纤维复合材料芯导线的拐点温度在 70～110℃之间，因此在任何档距下碳纤维复合材料芯导线都可以在拐点温度以上长期运行，与实际运行经验相符。

**表 4－5　　　　　　　　　　不同档距下的拐点温度**

| 档距（m） | 拐点温度（℃） | 档距（m） | 拐点温度（℃） |
|---|---|---|---|
| 100 | 71.278 | 600 | 102.006 |
| 200 | 89.310 | 700 | 103.390 |
| 300 | 94.011 | 800 | 104.424 |
| 400 | 97.549 | 900 | 105.211 |
| 500 | 100.128 | 1000 | 105.820 |

考虑温度对碳纤维复合材料芯导线弧垂的影响。在 300m 档距下绞合型碳纤维复合材料芯导线和钢芯铝绞线的温度-弧垂特性曲线如图 4－6 所示。可以看到，钢芯铝绞线的温度-弧垂曲线基本呈线性关系，碳纤维复合材料芯导线则有明显的拐点特性，在拐点温度以下的温度弧垂特性与钢芯铝绞线类似，此时导线张力由内部芯线和外部铝线共同承受，导线的线膨胀系数较大，因此弧垂受温度影响明显；在拐点温度以上时，弧垂增长幅度很小，这是由于导线张力大全部转移至内部芯线，而芯线材料的弹性模量较小，线长随张力增加不明显，从而弧垂变化也趋于平缓；在 10～180℃内碳纤维复合材料芯导线的弧垂

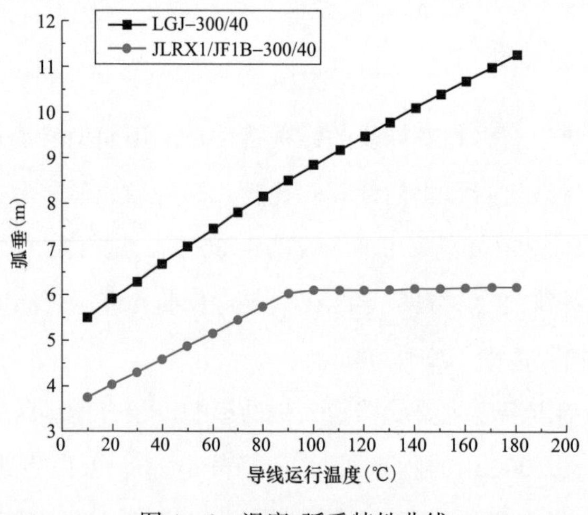


图 4－6　温度-弧垂特性曲线

变化量不到3m，从图4-6中数据可以看出碳纤维复合材料芯导线在任一运行温度下的弧垂均明显小于钢芯铝绞线在最大允许运行温度（80℃）时的弧垂，说明绞合型碳纤维复合材料芯导线在较高温度下运行提高线路输送容量的同时也能保证弧垂始终在安全范围内，具有良好的高温低弧垂特性。

为了与实际运行工况相符，钢芯铝绞线的运行温度取80℃，绞合型碳纤维复合材料芯导线的运行温度取160℃，两种导线的档距-弧垂特性曲线如图4-7所示。可以看到在各自的运行温度下，绞合型碳纤维复合材料芯导线的弧垂始终小于钢芯铝绞线，并且随着档距的增大，两者的弧垂差也逐渐增加，在500m档距时，弧垂差可达4m左右。将绞合型碳纤维复合材料芯导线应用于旧线路增容改造工程中，原有杆塔呼高（杆塔最下层导线绝缘子串悬挂点到地面的垂直距离）完全能满足该导线的弛度需要，同时输电线路能实现接近2倍的增容；在新建线路工程中应用绞合型碳纤维复合材料芯导线，在增大线路输电容量的同时，可以减小输电杆塔呼高，降低工程造价，具有良好的应用前景。

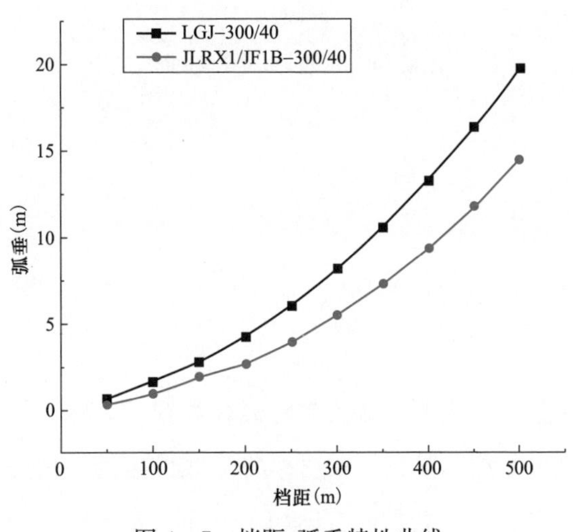


图4-7　档距-弧垂特性曲线

### 4.3.3　温度-弧垂特性试验

对导线型号JLRX1/JFB-315/35-222开展温度-弧垂试验，试验档距55m，初始张力施加23.49kN（25%RTS），环境温度17℃±2℃，导线试验温度范围为 16.00～182.57℃。使用大电流发生器对导线加热，测量绞线弧垂随温度的变化情况，绘制弧垂-温升曲线图。试验测得碳纤维复合材料芯导线 JL-RX1/JFB－315/35－222 的温度-弧垂特性曲线如图 4－8 所示。从图 4－8 可以看出，在试验档距下导线拐点温度在 70℃左右，与拐点温度计算结果相符；当温度超过拐点温度后，随温度的增加导线弧垂增加逐渐变平缓。

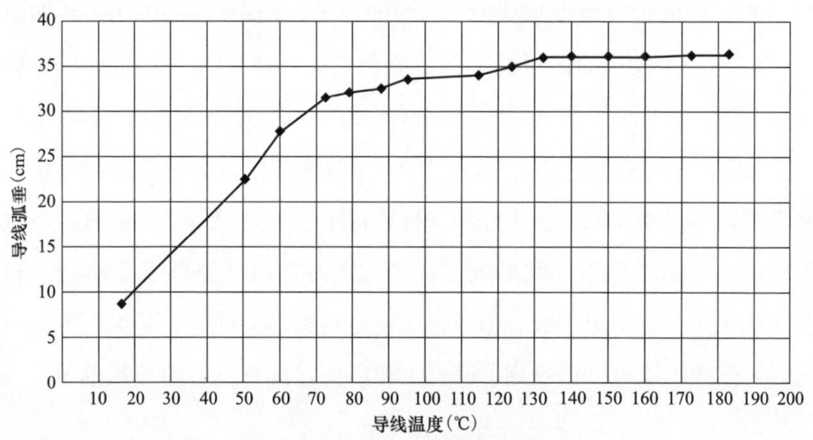


图 4－8　温度-弧垂特性曲线

## 4.4　动力性能

### 4.4.1　动力计算模型

(1) 静态力学模型。由于导线跨越距离往往很长，输电导线在静态时的形状几乎不受其刚性模量的影响，所以可以将导线假定为一根处处铰接的柔软链条，同时假定导线自重沿导线长度方向均匀分布。基于以上假定得到导线的悬链线方程如下：

$$y=\frac{T}{q}\cosh\left[\frac{q}{T}(x-x_0)\right]+y_0 \tag{4-19}$$

式中　$q$——输电导线单位长度的重力，N/kg；

$x_0$——根据边界条件得到的常数；

$y_0$——根据边界条件得到的常数；

$T$——输电导线的水平张力，N。

在不同气象下，由于导线上分布的静态载荷不同，导致导线的张力、弧垂也是不同的。比较各种典型气象条件下导线张力的大小，使导线张力在各种典型气象条件中的最大值达到导线允许最大使用张力，并以此利用式（4－20）的导线状态方程式求解出在其余气象条件下的导线张力值。

$$\sigma_A - \frac{EL^2 g_A^2}{24\sigma_A^2} + \alpha E t_A = \sigma_B - \frac{EL^2 g_B^2}{24\sigma_B^2} + \alpha E t_B \tag{4-20}$$

式中 $E$——导线弹性模量，MPa；

$L$——档距，m；

$\sigma_A$——气象条件 A 下的导线水平应力，$N/m^2$；

$\sigma_B$——气象条件 B 下的导线水平应力，$N/m^2$；

$g_A$——气象条件 A 下的导线比载，$N/m^3$；

$g_B$——气象条件 B 下的导线比载，$N/m^3$；

$t_A$——气象条件 A 下的温度，℃；

$t_B$——气象条件 B 下的温度，℃。

（2）动态力学模型。为满足多档导线的风偏、舞动、脱冰跳跃等条件下动力学分析，需同时考虑导线的 3 个平动自由度，建立如图 4－9 所示的多档导线 3 自由度模型。

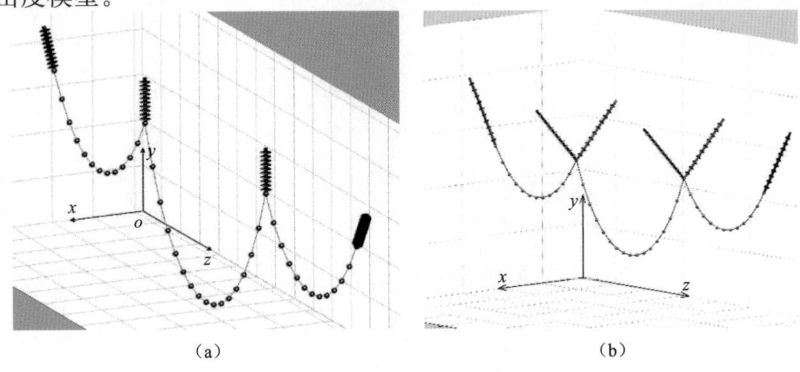


图 4－9　多档导线 3 自由度模型

（a）直线悬垂串；（b）直线 V 形串

该模型假定：①模型考虑连续多档的情况，包括耐张段内两耐张塔间的全部档距；②耐张段两端采用耐张串悬挂，内部悬挂点采用悬垂串悬挂；③将导线离散为若干2节点单元；④考虑单元节点的全部3个（$x$，$y$，$z$）平动自由度；⑤只考虑单元的张力，忽略刚度；⑥导线的质量集中在导线的单元节点上。

在上述模型之中，除了考虑导线的内力之外，还需要考虑导线在运行环境中所可能承受的一系列外力：①分布于整个导线长度的载荷，如自重载荷、覆冰载荷、风载荷等；②集中在导线若干节点上的外力，如悬挂点绝缘子串的拉力、相间间隔棒的作用力等。

导线的动力学方程可以描述为

$$\boldsymbol{M}\ddot{\boldsymbol{X}}+\boldsymbol{C}\dot{\boldsymbol{X}}=\boldsymbol{P}+\boldsymbol{T} \tag{4-21}$$

式中　$\boldsymbol{M}$——所描述对象的质量矩阵；

$\boldsymbol{C}$——所描述对象的阻尼矩阵；

$\boldsymbol{P}$——所描述对象的外力矩阵；

$\boldsymbol{T}$——所描述对象的张力矩阵；

$\dot{\boldsymbol{X}}$——速度矢量；

$\ddot{\boldsymbol{X}}$——加速度矢量。

最后，利用基于中心差分的显示直接积分算法对动力学方程进行递推求解，得到节点单元位移方程如下：

$$X_i^{k+1}=-\left(2+\frac{C_{\mathrm{x}}\Delta t}{m}\right)X_i^k+\left(\frac{C_{\mathrm{x}}\Delta t}{m}-1\right)X_i^{k-1}+\frac{\Delta t^2}{m}F_{\mathrm{xi}} \tag{4-22}$$

$$Y_i^{k+1}=-\left(2+\frac{C_{\mathrm{y}}\Delta t}{m}\right)Y_i^k+\left(\frac{C_{\mathrm{y}}\Delta t}{m}-1\right)Y_i^{k-1}+\frac{\Delta t^2}{m}F_{\mathrm{yi}} \tag{4-23}$$

$$Z_i^{k+1}=-\left(2+\frac{C_{\mathrm{z}}\Delta t}{m}\right)Z_i^k+\left(\frac{C_{\mathrm{z}}\Delta t}{m}-1\right)Z_i^{k-1}+\frac{\Delta t^2}{m}F_{\mathrm{zi}} \tag{4-24}$$

式中　$X_i$——节点 $i$ 在 $X$ 方向的位移；

$Y_i$——节点 $i$ 在 $Y$ 方向的位移；

$Z_i$——节点 $i$ 在 $Z$ 方向的位移；

$k$——当前时间步；

$k-1$——上一时间步；

$k+1$——下一时间步；

$m$——单位长度覆冰导线的质量；

$\Delta t$——步长；

$C_x$——$X$ 方向的阻尼系数；

$C_y$——$Y$ 方向的阻尼系数；

$C_z$——Z 方向的阻尼系数；

$F_{xi}$，$F_{yi}$ 和 $F_{zi}$——外力。

### 4.4.2 导线风偏

以某 500kV 紧凑型线路的 6 档距耐张段线路为例计算，并选取与钢芯铝绞线相同型号的碳纤维复合材料芯导线进行比较分析。导线型号为 LGJ - 300/40、JLRX1/JF1B - 300/40 - 219；档距组合为 435m - 649m - 347m—181m - 249m - 866m，高差为 37.2、—155.7、—45.6、—12.1、—51.1、—140.2m；导线分裂间距为 375mm；导线排列方式为六分裂倒三角排列，相间距离为 7.2m，其中水平相是 A - B 相，上下相是 B - C 相和 A - C 相，三相导线布置方式如图 4 - 10 所示。V 形绝缘子串夹角：上导线 V 形串夹角为 91.6°，下导线 V 形串夹角为 141°。

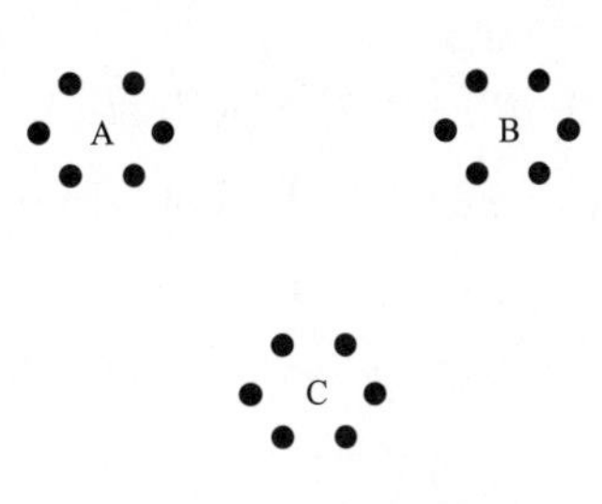


图 4 - 10　三相导线布置方式

自然界的风可以看作两种成分的叠加：一种是长周期部分，其周期常在 10min 以上，这部分称为稳定风，对线路构件的作用可认为是静力荷载；另一种是短周期部分，其周期只有几秒到几十秒，是在稳态风基础上的波动，称为脉动风，对线路构件的作用相当于动力荷载。

输电线路设计中对风载荷的考虑通常只是作为静态载荷考虑，未考虑风的脉动性。本节中将计算包含脉动风成分的动态大风对导线和绝缘子风偏的影响。

采用 Davenport 脉动风速功率谱进行脉动风的模拟，表达式如下：

$$S_v(f)=\frac{4Kv_{10}^2x^2}{f(1+x^2)^{4/3}} \tag{4-25}$$

$$x=1200f/v_{10}$$

式中 $v_{10}$——10m 高处的平均风速；

$f$——脉动风频率；

$K$——地面粗糙系数。

根据 Shinozuka 理论，随机的脉动风的时程曲线可以由功率谱密度得

$$v_p(t)=\sum_{i=1}^{N}\sqrt{2S_v(f_i)\Delta f}\cos(2\pi f_i t+\phi_i) \tag{4-26}$$

式中 $\Delta f$——频率增量；

$\phi_i$——［0，2π］内均匀分布的随机变量。

选取脉动风截止频率为 3Hz，频率增量为 0.001Hz，$K$ 取 0.00215（B级粗糙度）。

#### 4.4.2.1 导线非同期摆动分析

初始状态下风速为 0，$t=0$ 时风以 90°方向依次吹至 A、C、B 相导线，各相导线将发生不同期摆动，导致相间距离减小，输电线路风偏的动态过程如图 4-11 所示。

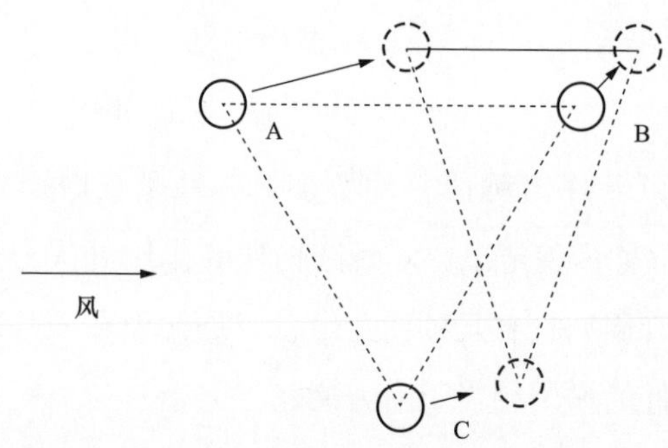


图 4-11 输电线路风偏的动态过程

稳态风和脉动风工况下三相导线各相间最小相间距离与平均风速的关系如图 4-12 所示。可以看出，在 23～41m/s 的稳态风和脉动风载荷下，架设在所

选耐张段线路的绞合型碳纤维复合材料芯导线和钢芯铝绞线的最小相间距离均出现在水平相间，即 A－B 相间；对于上下相间距，相较钢芯铝绞线，碳纤维复合材料芯导线的 A－C、B－C 最小相间距离在不同风速下的变化不大。根据 DL/T 5092—1999《110～500kV 架空送电线路设计技术规程》，500kV 线路在工频电压下相间最小间隙不应小于 2.2m，因此在 23～41m/s 风速范围内，不管是稳态风还是脉动风，在所选耐张段线路架设碳纤维复合材料芯导线，线路 A－C 相和 B－C 相的相间距离都是安全的，并留有一定的裕度，因而在上下相间不需加装相间间隔棒。

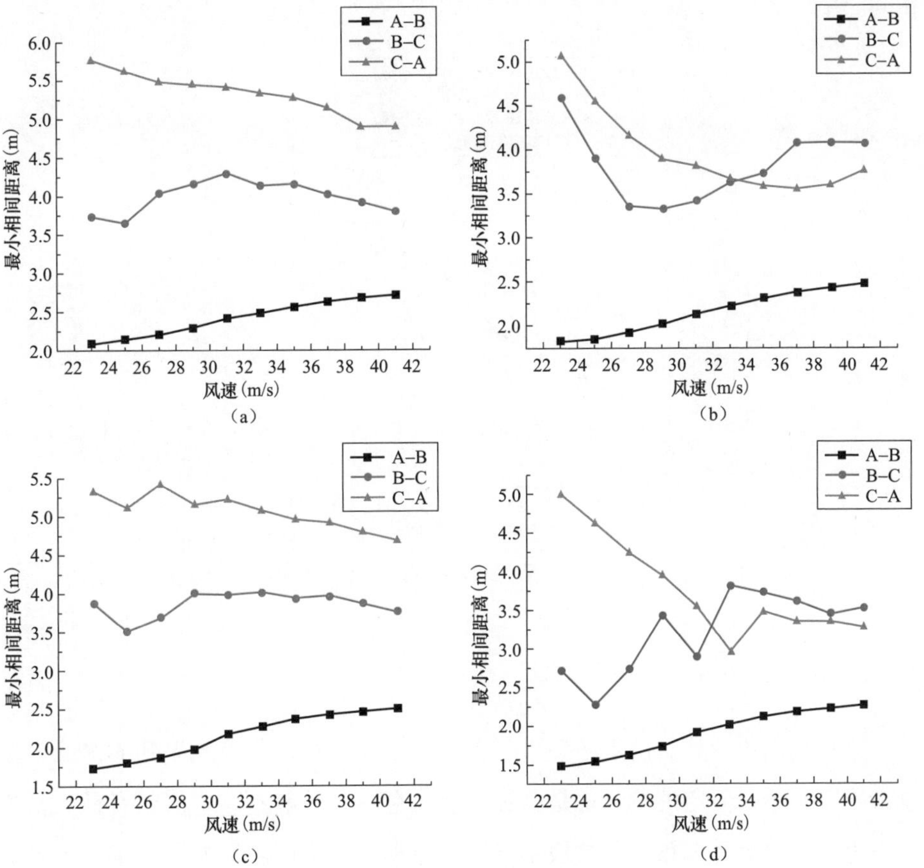

图 4－12　最小相间距离与风速的关系

（a）碳纤维复合材料芯导线（稳态风）；（b）钢芯铝绞线（稳态风）；

（c）碳纤维复合材料芯导线（脉动风）；（d）钢芯铝绞线（脉动风）

将以上四种工况下 A－B 相最小相间距离进行对比，如图 4－13 所示。相同平均风速下，脉动风载荷作用下碳纤维复合材料芯导线和钢芯铝绞线的最小相间距离均小于稳态风载荷作用下的最小相间距离，说明风速的脉动作用会对导线相间距离带来不利影响，更容易发生相间闪络，因此在线路设计时应充分考虑风速中脉动成分对导线风偏响应的影响。对比脉动风载荷条件下两种导线的风偏情况，在相同工况下碳纤维复合材料芯导线的最小相间距离稍大于钢芯铝绞线，但考虑到最小安全相间距离和安全裕度，以设计最大风速 27m/s 为参考，仍需要在碳纤维复合材料芯导线 A－B 相间加装相间间隔棒，以避免发生相间闪络。

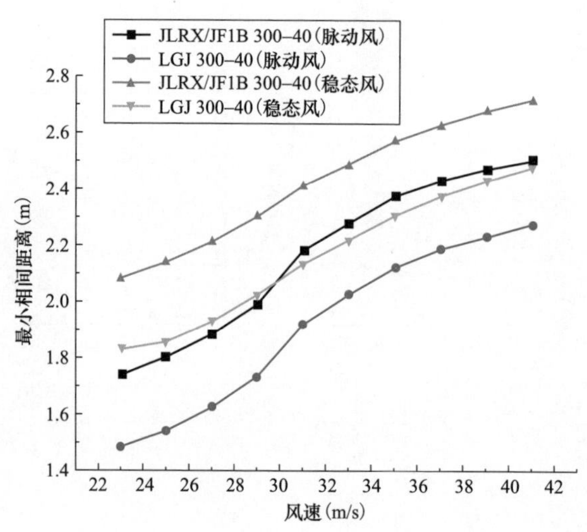


图 4－13　不同风工况下两种导线 A－B 相最小相间距离

#### 4.4.2.2　绝缘子串风偏分析

(1) 风偏角计算。由于脉动风时程为一个随机过程，因此得到的绝缘子串风偏响应并不是恒定的量，也是以脉动形式存在。一般不以均值或者最大值来代表绝缘子串的风偏角，而是根据统计学原理，由均值和根方差确定一个具有一定保证概率的值来代表，其表达式为

$$\varphi' = \overline{\varphi} + \mu\sigma \tag{4-27}$$

式中　$\varphi'$——风偏角代表值；

$\overline{\varphi}$——风偏角均值；

$\sigma$——根方差；

$\mu$——保证系数，根据结构的重要性而取不同的数值。

针对大跨度结构的抗风，建议 $\mu$ 的取值在 2.0～2.5，对应的保证概率为 97.73%～99.38%，本项目依据我国规范取保证系数 $\mu=2.2$，由此得到绝缘子串的脉动风偏角。绞合型碳纤维复合材料芯导线和钢芯铝绞线输电线路在不同风速工况下绝缘子串稳态风偏角和脉动风偏角的计算结果见表 4－6 和表 4－7，并给出了风偏角的脉动放大系数 $\beta$。

**表 4－6　绞合型碳纤维复合材料芯导线线路在不同风速工况下的风偏角**

| 平均风速（m/s） | 稳态风偏角（°） | 脉动风偏角（°） | 脉动放大系数 $\beta$ |
|---|---|---|---|
| 23 | 52.869 | 68.142 | 1.289 |
| 25 | 58.435 | 73.948 | 1.265 |
| 27 | 63.454 | 78.041 | 1.230 |
| 29 | 67.924 | 81.620 | 1.202 |
| 31 | 68.176 | 83.965 | 1.232 |
| 33 | 71.942 | 87.222 | 1.212 |
| 35 | 73.357 | 90.401 | 1.232 |
| 37 | 76.458 | 92.324 | 1.208 |
| 39 | 79.089 | 94.228 | 1.191 |
| 41 | 81.556 | 95.885 | 1.176 |

**表 4－7　钢芯铝绞线线路在不同风速工况下的风偏角**

| 平均风速（m/s） | 稳态风偏角（°） | 脉动风偏角（°） | 脉动放大系数 $\beta$ |
|---|---|---|---|
| 23 | 45.969 | 57.362 | 1.248 |
| 25 | 49.401 | 63.024 | 1.276 |
| 27 | 54.422 | 67.505 | 1.240 |
| 29 | 58.941 | 71.253 | 1.209 |
| 31 | 59.201 | 74.858 | 1.264 |

续表

| 平均风速（m/s） | 稳态风偏角（°） | 脉动风偏角（°） | 脉动放大系数β |
|---|---|---|---|
| 33 | 63.188 | 77.709 | 1.230 |
| 35 | 64.710 | 80.299 | 1.241 |
| 37 | 68.070 | 83.614 | 1.228 |
| 39 | 71.120 | 85.592 | 1.203 |
| 41 | 73.708 | 88.370 | 1.199 |

由表 4－6 和表 4－7 可以看出，脉动风偏角明显大于稳态风偏角，在规范设计中不可忽略风的脉动效应对绝缘子串风偏的影响。在碳纤维复合材料芯导线输电线路中风偏角的脉动放大系数在 1.18～1.29 变化，与钢芯铝绞线的脉动放大系数相差不大。但是碳纤维复合材料芯导线的绝缘子串风偏角始终大于钢芯铝绞线，脉动风偏角差值可以达到 10°左右，由于碳纤维复合材料芯导线密度较小，其单位长度竖直方向的质量荷载明显要小于钢芯铝绞线，虽然碳纤维复合材料芯导线较小的直径使其单位长度上的水平风荷载也小于钢芯铝绞线，但因为碳纤维复合材料芯导线的水平风荷载减小的程度远小于竖直荷载减小的程度，所以碳纤维复合材料芯导线线路中绝缘子串的风偏会更加严重。考虑到在实际线路中，当联板运动到横担水平线位置时绝缘子串达到最大风偏变形，即在实际情况中绝缘子串的最大风偏角不会超过 90°，从仿真结果来看，当脉动风速大于 35m/s 时，碳纤维复合材料芯导线线路中风偏最严重的绝缘子串已达到极限偏移，而在所计算风速范围内采用钢芯铝绞线的线路中并未达到这种极限情况。因此，在线路设计和改造中，需要考碳纤维复合材料芯导线风偏角较常规导线大的问题。

（2）悬挂点风偏特性。为了从电气距离的角度评估两种导线的风偏特性，计算了直线塔塔窗内风偏最严重悬挂点的风偏位移代表值，根据 GB 50545—2010《110kV～750kV 架空输电线路设计规范》，500kV 线路在工频电压下带电部分与杆塔构件的最小间隙不应小于 1.3m，工程上可作近似处理，即悬挂点位移不超过该最小间隙则认为电气距离安全，稳态风工况下导线悬挂点位移和脉动风工况下导线悬挂点位移见表 4－8 和表 4－9。

表 4-8　　稳态风工况下导线悬挂点位移

| 平均风速(m/s) | 碳纤维复合材料芯导线 | | 钢芯铝绞线 | |
|---|---|---|---|---|
| | 悬挂点位移（m） | 评估结果 | 悬挂点位移（m） | 评估结果 |
| 23 | 0.686 | 安全 | 0.017 | 安全 |
| 25 | 1.224 | 安全 | 0.350 | 安全 |
| 27 | 1.708 | 危险 | 0.836 | 安全 |
| 29 | 2.135 | 危险 | 1.273 | 安全 |
| 31 | 2.159 | 危险 | 1.298 | 安全 |
| 33 | 2.517 | 危险 | 1.682 | 危险 |
| 35 | 2.651 | 危险 | 1.828 | 危险 |
| 37 | 2.942 | 危险 | 2.150 | 危险 |
| 39 | 3.188 | 危险 | 2.440 | 危险 |
| 41 | 3.417 | 危险 | 2.684 | 危险 |

表 4-9　　脉动风工况下导线悬挂点位移

| 平均风速(m/s) | 碳纤维复合材料芯导线 | | 钢芯铝绞线 | |
|---|---|---|---|---|
| | 悬挂点位移（m） | 评估结果 | 悬挂点位移（m） | 评估结果 |
| 23 | 2.089 | 危险 | 1.120 | 安全 |
| 25 | 2.460 | 危险 | 1.668 | 危险 |
| 27 | 2.895 | 危险 | 2.098 | 危险 |
| 29 | 3.162 | 危险 | 2.458 | 危险 |
| 31 | 3.209 | 危险 | 2.803 | 危险 |
| 33 | 3.710 | 危险 | 3.073 | 危险 |
| 35 | 3.928 | 危险 | 3.315 | 危险 |
| 37 | 4.224 | 危险 | 3.626 | 危险 |
| 39 | 4.304 | 危险 | 3.810 | 危险 |
| 41 | 4.415 | 危险 | 4.066 | 危险 |

可以看出，稳态风工况下，钢芯铝绞线线路在31m/s风速以下风偏最严重的悬挂点位移均满足电气安全距离的要求，而碳纤维复合材料芯导线线路在25m/s风速以下才能保证悬挂点与杆塔间不发生风偏闪络事故；与稳态风工况类似，在脉动风工况下，碳纤维复合材料芯导线线路中悬挂点的风偏也比钢芯铝绞线的更严重，其位移值比钢芯铝绞线线路大0.4～0.9m，并且在所计算风

速范围内的碳纤维复合材料芯导线悬挂点的风偏和位移均无法满足电气安全距离的要求。因此，在新建线路设计时，需根据碳纤维复合材料芯导线的风偏特性开展塔头规划，在老旧线路改造中，需重新验算风偏角，必要时，可考虑加重锤等方式减小风偏角。

（3）绝缘子风偏受力。两种导线风偏最严重档所在处受拉绝缘子串的轴力值见表 4－10。

**表 4－10　　不同风工况下的绝缘子轴力值**

| 平均风速（m/s） | 碳纤维复合材料芯导线 | | 钢芯铝绞线 | |
|---|---|---|---|---|
| | 绝缘子轴力（kN）（稳态风） | 绝缘子轴力（kN）（脉动风） | 绝缘子轴力（kN）（稳态风） | 绝缘子轴力（kN）（脉动风） |
| 23 | 24.709 | 36.988 | 31.265 | 45.498 |
| 25 | 27.299 | 39.281 | 33.707 | 46.626 |
| 27 | 30.361 | 41.949 | 36.681 | 47.688 |
| 29 | 33.821 | 44.885 | 40.244 | 53.906 |
| 31 | 34.042 | 53.500 | 40.472 | 56.441 |
| 33 | 37.682 | 61.258 | 44.108 | 64.140 |
| 35 | 39.285 | 71.217 | 45.695 | 71.361 |
| 37 | 43.354 | 79.489 | 49.760 | 82.520 |
| 39 | 47.719 | 85.564 | 54.394 | 96.618 |
| 41 | 52.418 | 98.191 | 59.221 | 100.451 |

由表 4－10 可以看出，在两类风载荷下，风速越大，线路摆动越剧烈，碳纤维复合材料芯导线和钢芯铝绞线线路中绝缘子串轴力均有所增大，并且脉动风工况下绝缘子的受力也远大于稳态时的情况。对比两种线路发现，碳纤维复合材料芯导线线路中的绝缘子轴力略小于钢芯铝绞线线路，由前面的分析可知碳纤维复合材料芯导线的风偏摆动比钢芯铝绞线更严重，绝缘子拉力也应更大，但由于碳纤维复合材料芯导线本身质量轻，又可以减小绝缘子拉力，计算结果表明，摆动加剧导致绝缘子拉力增大的程度不如导线质量轻带来的拉力减小的程度，也就是说架设碳纤维复合材料芯导线的输电线路中绝缘子拉力受导线自身质量的影响更大，碳纤维复合材料芯导线风偏更加严重但并不会增大线路中绝缘子串的受力。

(4) 重锤的防风偏效果。在导线风偏中，可以考虑加挂重锤，增加竖直方向的荷载，以减小输电线路风偏程度。在所选线路中风偏最严重的一档两端悬挂点处施加重锤，取重锤重力分别为2000、4000、6000N，在脉动风载荷下加挂重锤前后绝缘子风偏角计算结果见表4-11。从表4-11可以看出，加上重锤后，绝缘子的风偏角明显减小，且重锤越重，风偏改善效果越明显。但需要注意的是，由于重锤挂在塔窗内，需要考虑重锤与杆塔的安全间隙，同时，还要复核杆塔的受力，根据实际杆塔尺寸合理配置重锤的数量和重量。

**表4-11　悬挂重锤对V形串风偏角的影响**

| 风速(m/s) | V形串风偏角(°) | | | |
|---|---|---|---|---|
| | 无重锤 | 有重锤 | | |
| | | 重锤重力2000N | 重锤重力4000N | 重锤重力6000N |
| 27 | 78.041 | 74.924 | 71.579 | 68.247 |
| 29 | 81.620 | 78.933 | 75.739 | 72.697 |
| 31 | 83.965 | 81.388 | 78.660 | 75.902 |

### 4.4.3 导线覆冰舞动

导线覆冰舞动具有振幅大、持续时间长、破坏力大等特点，其产生的动态张拉力可能会引发输电线路导线断股断线、绝缘子串断裂、金具磨损、杆塔螺栓松动脱落以及倒塔等严重事故。碳纤维复合材料芯导线因其重量轻、驰度低等特性，相同气象条件下较钢芯铝绞线更易发生舞动，因此研究碳纤维复合材料芯导线在不同复杂环境下的力学行为和舞动规律十分必要。选取的线路参数条件同4.4.1节，考虑整条线路发生舞动的情况。气象条件为：温度−5℃，风速10m/s。

以覆冰厚度10mm计算碳纤维复合材料芯导线线路舞动时幅值、导线舞动形态、导线及绝缘子受力。

#### 4.4.3.1 幅值

A相、C相各档舞动幅值如图4-14所示。从图4-14可以看出，同相的不同档舞动幅值各不相同，这是由于在依据真实线路而建立的线路模型中，

1～6 档的档距高差均不相同，因此舞动响应也存在区别。此外，A、C 两相由于绝缘子安装方式不同，因而在相同气象条件下舞动幅值产生了明显差异，其中档 2 和档 4 高差最大，这两档中 A、C 两相幅值区别也最明显。

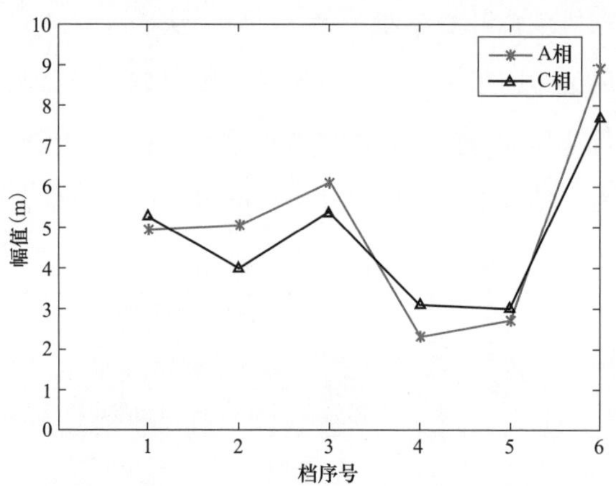


图 4－14　碳纤维复合材料芯导线线路 A 相、C 相各档舞动幅值

#### 4.4.3.2　舞动形态

（1）导线单元段舞动形态。C 相档 3 中点的垂直位移时程曲线如图 4－15 所示。导线中单元段位移随时间总体呈周期性变化，具体表现为在包络线内的来回振动，包络线与时间具有周期性变化关系。

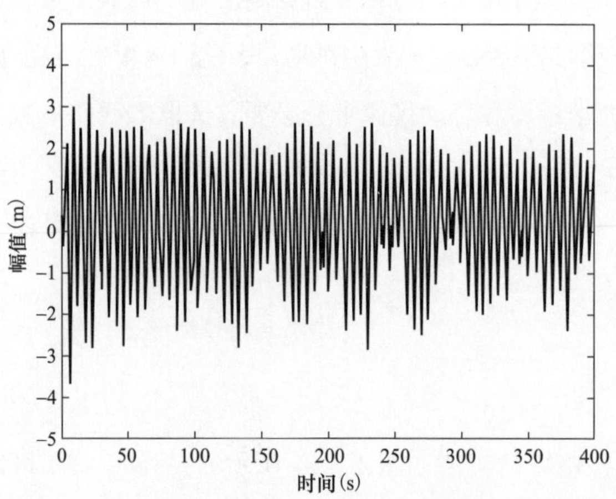


图 4－15　C 相档 3 中点的垂直位移时程曲线（400s）

（2）导线整体舞动形态。取C相末档（档距866m，高差－140.2m）为研究对象，在其250～300s位移时程曲线中取五个位置相差较大的时刻：①$t$＝251.6s，②$t$＝266.3s，③$t$＝2668s，④$t$＝268.9s，⑤$t$＝270.2s；画出不同时刻整档导线位置，C相档6导线舞动形态如图4－16所示。

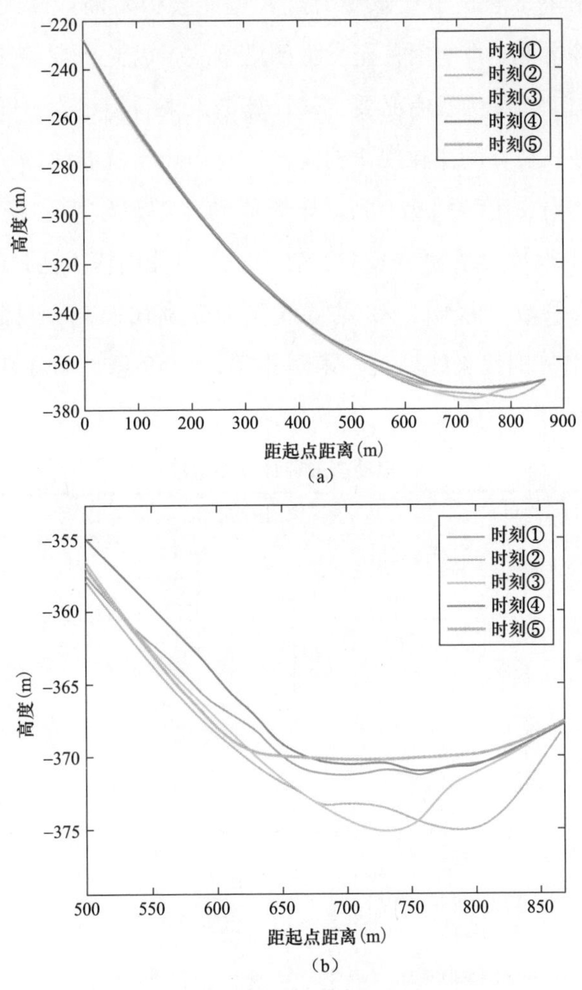


图4－16　C相档6导线舞动形态

（a）全档；（b）500～866m区段

由图4－16可见，导线呈上下翻飞的舞动形态。由于档高差较大（－140.2m），因此0～500m区段内不同时刻导线移动并不明显，500～866m区段导线发生较为明显的高度变化；将 500～866m 区段放大，可观察到导线有明显的上下振动现象。

#### 4.4.3.3 导线及绝缘子动态受力

导线及耐张串、悬垂串动态受力过大可能会引发断股断线、绝缘子串断裂、金具磨损等情况，严重时甚至发生倒塔事故，因此研究碳纤维线路导线及绝缘子舞动过程动态受力很有必要。从计算结果来看导线张力随时间的大小变化规律大致与导线位移的变化规律相同，二者均能反映导线舞动时的时程变化规律。导线张力起始值为 29210N，导线舞动状态稳定后的最大动态张力为 55620N，由此可得放大系数为 1.86。表 4－12 中按同样方法计算了各耐张串、悬垂串动态放大系数。标号 1～6 的导线张力分别代表 1～6 档的档中导线张力，1、2 耐张串分别代表线路首、末耐张串，1～5 悬垂串分别为线路首端至末端的直线塔串。

**表 4－12　　A 相动态载荷放大系数表**

| 标号 | 覆冰导线动态载荷放大系数 | | |
|---|---|---|---|
| | 导线张力 | 耐张串 | 悬垂串 |
| 1 | 1.904 | 1.996 | 1.205 |
| 2 | 1.788 | 2.181 | 3.214 |
| 3 | 1.824 | — | 4.29 |
| 4 | 1.801 | — | 2.456 |
| 5 | 1.838 | — | 3.301 |
| 6 | 1.998 | — | — |

#### 4.4.3.4 冰厚影响研究

覆冰厚度是影响导线舞响应的关键因素，覆冰厚度不同，导线受到的气动力参数不同；同时，覆冰导线整体的重力也不同，因此导线的初始状态也有所差异。

（1）冰厚对幅值的影响。当风速为 10m/s 时，五种覆冰厚度下导线的舞动幅值如图 4－17 所示。

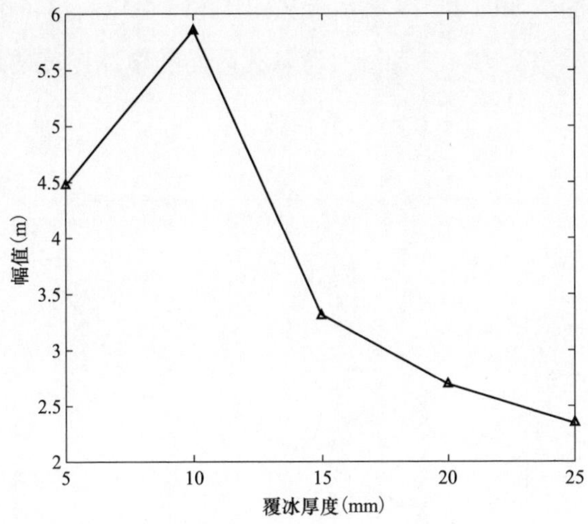


图 4-17　不同覆冰厚度下导线的舞动幅值

在风速 10m/s 条件下，当覆冰厚度未超过 10mm 时，随着覆冰厚度的增加，舞动幅值基本呈上升趋势，由于覆冰厚度加大，导线截面越不规则，覆冰不规则系数越大，其大多数攻角下升力系数越大，升力越大，导致舞动幅值加大；但是当冰厚过大达到 15mm 及其以上时，此时舞动的幅值并没有继续上升，舞动幅值反而较 10mm 覆冰情况有所下降，且覆冰厚度越大，幅值减小越缓慢，这可能是由于覆冰太厚，导线整体重力的增加大于升力增加的缘故。

(2) 冰厚对导线张力的影响。不同冰厚条件下，导线的静态张力分布不同，导致导线张力起始值不同。在导线舞动的动态过程中，不同厚度的覆冰通过影响覆冰导线表面的气动力参数、覆冰导线整体线密度进而改变导线最大张力，以 A 相档 1 为例，导线最大张力随冰厚变化曲线如图 4-18 所示。随冰厚的不断增加，碳纤维复合材料芯导线舞动过程中的最大张力也会呈上升趋势，且冰厚为 20～25mm 时导线最大张力的上升曲线明显变陡，即此时冰厚如继续增加，会导致导线的最大张力急速上升，需考虑导线是否会拉断等安全性问题。

(3) 冰厚对耐张串、悬垂串受力的影响。耐张串及悬垂串的受力也是线路舞动响应中需重点关注的量。A 相首端耐张串、档 1 末端悬垂串的最大动态载荷与冰厚的关系曲线如图 4－19 所示。从图 4－19 可以看出，不论是导线张力，还是耐张串及悬垂串受力，三者最大动态载荷均随覆冰厚度的增加而增加，变化规律基本一致。

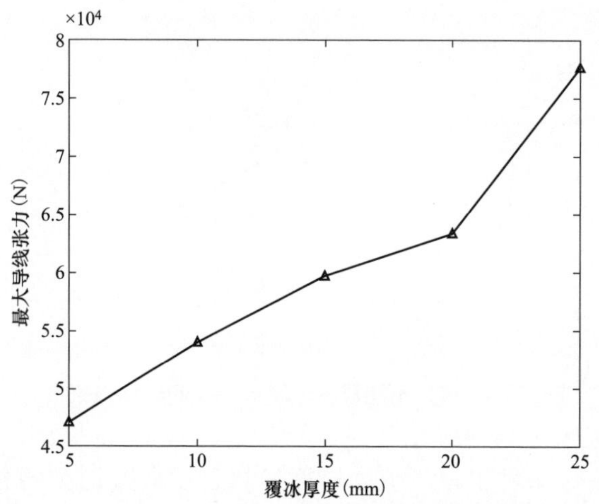


图 4－18　导线最大张力随冰厚变化曲线

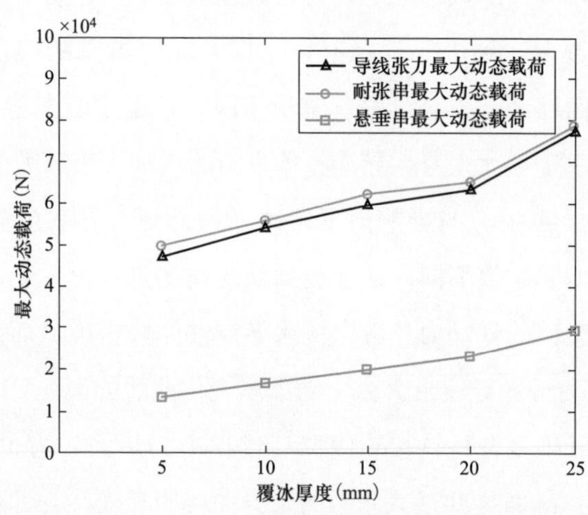


图 4－19　A 相首端张串、档 1 末端悬垂串的最大动态载荷与冰厚的关系曲线

#### 4.4.3.5　舞动抑制措施效果研究

相间间隔棒抑制效果分析。针对以上 500kV 紧凑型线路讨论安装相间间隔

棒前后的舞动抑制效果。依据该工程的间隔棒安装标准规定，需在所选耐张段档 2（档距 649m）安装两套相间间隔棒，档 6（档距 866m）安装三套相间间隔棒；间隔棒直径选取 18mm 和 30mm 两种。

相间间隔棒的抑制效果如图 4－20 所示，仅在线路中两档加装相间间隔棒后，各档舞动幅值均有明显降低，因为加装间隔棒的两档导线运动幅度受到限制进而舞动被抑制，此两档导线悬挂点的运动亦受到抑制，故其余未加装间隔棒的档导线舞动也受到明显抑制。其中，30mm 相间间隔棒对碳纤维复合材料芯导线的舞动抑制效果明显优于 18mm 相间间隔棒，这是由于直径更大的相间间隔棒弯曲时的轴力更大，对导线运动起到更好的抑制效果。

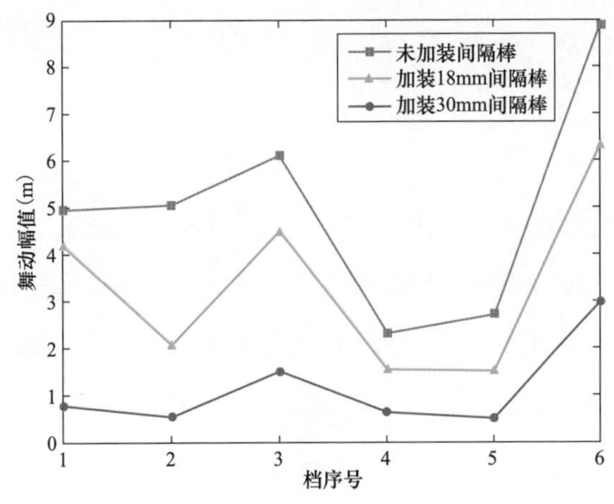


图 4－20　相间间隔棒的抑制效果

#### 4.4.3.6　重锤抑制效果分析

在线路档 2 末端加装 10 片重锤前后线路的舞动情况结果如图 4－21 所示，重锤对线路的舞动也起到了明显抑制作用，其中对与重锤相邻的两档抑制效果最好，但整体上看，重锤对线路舞动的抑制效果劣于工程设计中要求的 30mm 相间间隔棒。从幅值抑制效果上看，此重锤的效果也稍差于 18mm 间隔棒，因此在本线路中，加装相间间隔棒是更为有效地舞动抑制措施。

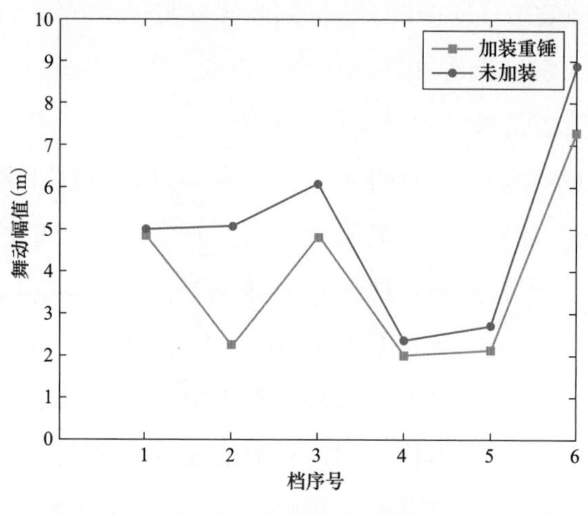


图 4-21　重锤的抑制效果

#### 4.4.3.7　导线材料种类影响研究

选取钢芯铝绞线 LGJ-300/40 与碳纤维复合材料芯导线 JLRX-300/40 进行同工况条件下的舞动响应对比。两种导线在 10mm 冰厚，风速 10m/s 下发生舞动时的导线最大张力和舞动幅值分别如图 4-22 和图 4-23 所示，碳纤维复合材料芯导线舞动幅值与钢芯铝绞线相比明显更小，二者的最大导线张力相差无几。

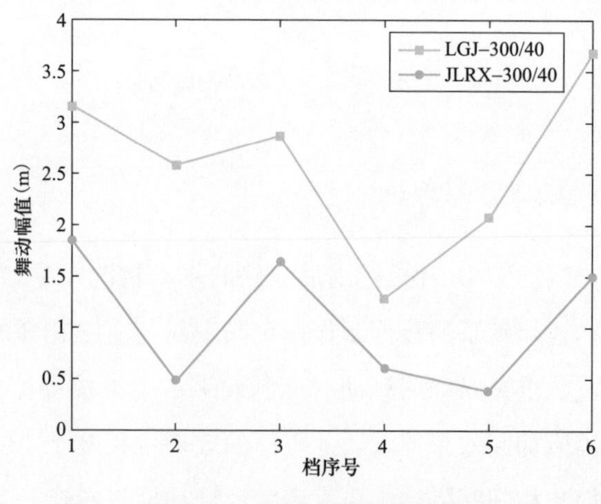


图 4-22　两种导线舞动幅值

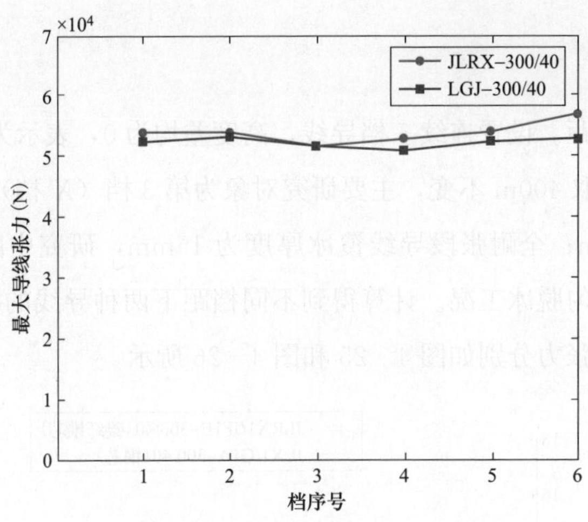


图 4-23 两种导线舞动时最大张力

### 4.4.4 导线脱冰跳跃

导线脱冰是冰区输电线路中的常见现象，当温度升高、受风力作用，或者受到人为机械除冰时，输电线路上会产生不同期和不均匀的覆冰脱落，简称脱冰。脱冰使得原储存于覆冰中的势能转化为架空线的动能和势能，使得导线跳跃和输电杆塔振动，从而可能带来导地线的闪络跳闸、金具损坏，电线磨损断裂，杆塔失稳倒塌等事故。绞合型碳纤维复合材料芯导线与传统钢芯铝绞线在机械性能上有较大差异，有必要研究其在脱冰跳跃工况下的特性。本节研究中除特别说明外，导线型号和线路参数与前文相同。

如图 4-24 所示为输电线路的均匀脱冰和非均匀脱冰示意图。均匀脱冰为假设导线发生沿档距方向整档导线脱冰率相同的脱冰情况。

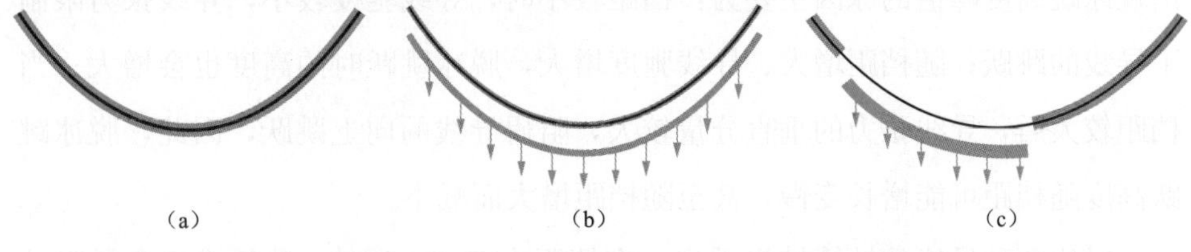


图 4-24 导线均匀脱冰和非均匀脱冰示意图

(a) 初始覆冰；(b) 均匀脱冰；(c) 非均匀脱冰

#### 4.4.4.1 导线均匀脱冰

（1）不同档距。设置连续 5 档导线，高度差均为 0，表示为 $Y-Y-X-Y-Y$，其中 $Y$ 档距取 400m 不变，主要研究对象为第 3 档（$X$ 档），其档距变化范围取 200～1200m；全耐张段导线覆冰厚度为 15mm，研究中间档导线发生脱冰率为 0.8 的均匀脱冰工况。计算得到不同档距下两种导线的均匀脱冰跳跃高度和最大不平衡张力分别如图 4-25 和图 4-26 所示。

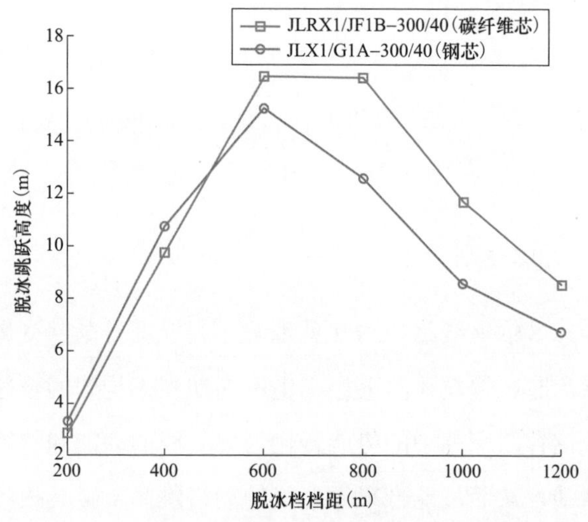


图 4-25 两种导线的均匀脱冰跳跃高度随档距的变化

从图 4-25 看出，随着档距变大，两种类型的导线冰跳高度都呈现出先增大后减小的趋势；在档距大于 800m 的范围内，冰跳高度随档距的变化不敏感；碳纤维导线和钢芯铝绞线分别在档距 500m 和档距 400m 时出现冰跳高度峰值。出现冰跳高度峰值的原因主要为：档距较小时，导线弛度较小，导线张力限制了导线的跳跃；随档距增大、导线弛度增大，脱冰跳跃时的高度也会增大；当档距较大后，导线张力的垂直分量较大，阻碍导线的向上跳跃，因此，脱冰跳跃高度随档距可能增长变慢，甚至随档距增大而减小。

对比两种导线的计算结果看出，在档距小于 400m 时，碳纤维复合材料芯导线的冰跳高度小于钢芯铝绞线；而档距在 400～1200m，碳纤维复合材料芯

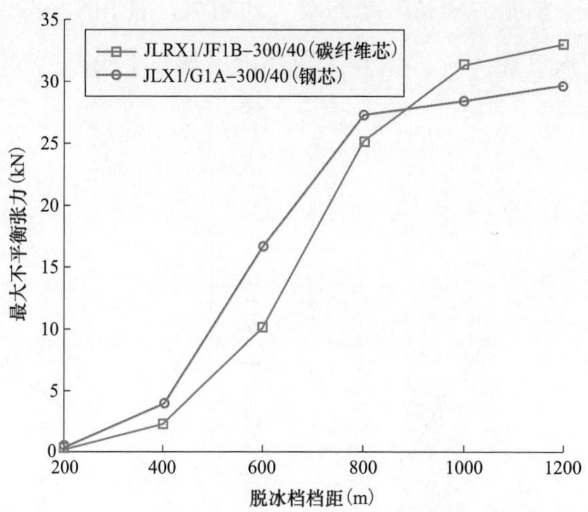


图 4-26 两种导线的最大不平衡张力随档距的变化

导线的冰跳高度更大。在档距较小时碳纤维芯导线发生脱冰跳跃具有位移优势，而在较大档距的应用中不具备位移优势。原因分析如下：导线在脱冰瞬间受到张力作用发生回弹，脱冰量相同时跳跃高度主要受张力，弹性模量、导线密度的影响。当档距较小时，导线张力起主导作用，碳纤维复合材料芯导线因弹性模量大不容易形变，其冰跳高度要比钢芯铝型线小；当档距很大时，导线松弛，此时导线重量起主导作用，脱冰跳跃产生的动能使得碳纤维复合材料芯导线有更大的位移。

从图 4-26 看出，两类导线发生脱冰时的最大不平衡张力随档距的增大而增大，且在档距增大到 800m 左右时逐渐稳定；在档距小于 800m 时，碳纤维复合材料芯导线的纵向不平衡张力更小；在 800～1200m 档距范围钢芯铝绞线不平衡张力更小。

(2) 不同高差。同样设置连续 5 档导线，5 档档距取 400m 不变，脱冰档为第 3 档，其高度差变化范围取 0～85m；导线覆冰厚度为 15mm，脱冰率为 0.8。不同高度差下碳纤维复合材料芯导线的均匀脱冰跳跃结果如图 4-27 所示。由图 4-27 (a) 可以看出随着高度差的增大，档距中点竖直方向的冰跳高度缓慢减小，高度差的变化对导线脱冰跳跃高度影响很小；由图 4-27 (b) 可

以看出，最大不平衡张力随高度差的增大而增大，且在 0～80m 且出现在脱冰档较高一侧悬挂点位置，在 80m 以上范围内出现在了脱冰档较低一侧的悬挂点位置。

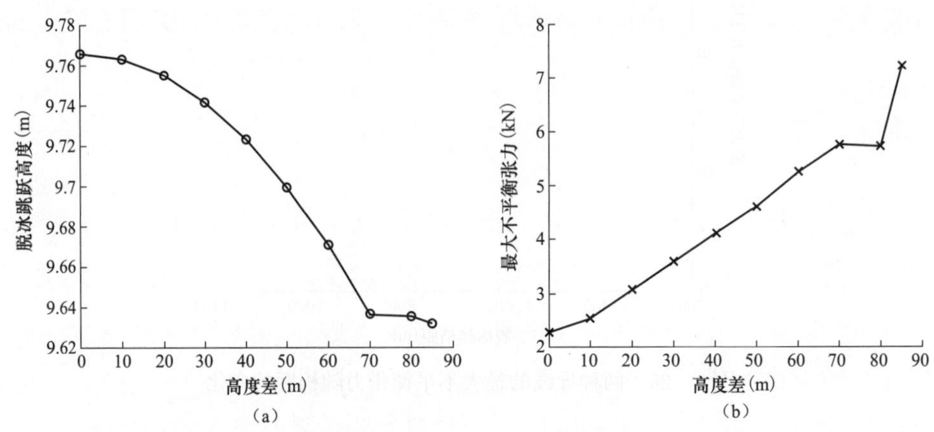


图 4－27　冰跳高度和最大不平衡张力随高度差的变化

(a) 冰跳高度；(b) 不平衡张力

(3) 不同脱冰量。设置导线全耐张段覆冰厚度为 15mm，导线脱冰档均匀脱冰，脱冰率取 0.1～1.0，仿真计算结果如图 4－28 所示。从图 4－28 可以看出，随着脱冰率的增加，两种导线的均匀脱冰跳跃高度和最大不平衡张力均单调递增，其中冰跳高度近似线性增加。对比两类导线可以发现，在同样脱冰率

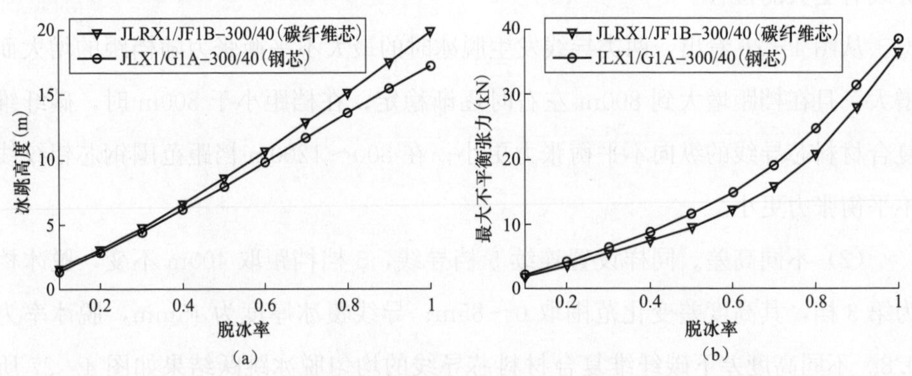


图 4－28　冰跳高度和最大不平衡张力随脱冰率的变化

(a) 冰跳高度；(b) 不平衡张力

条件下碳纤维复合材料芯导线的冰跳高度始终大于钢芯铝绞线；碳纤维芯导线的最大不平衡张力小于同样脱冰率的钢芯铝绞线，且脱冰率越大优势越明显。

#### 4.4.4.2 导线非均匀脱冰

设置连续5档导线，表示为$Y-Y-X-Y-Y$，其中$Y$档距取400m不变，研究对象为第3档（$X$档），其档距变化范围取400～1600m；导线覆冰厚度为15mm；非均匀脱冰设置脱冰档在档距1/4～3/4范围内脱冰，脱冰率为0.5；均匀脱冰设置脱冰量相等，即脱冰率为0.25。碳纤维复合材料芯导线非均匀脱冰和均匀脱冰仿真计算如图4-29所示，可以发现，同样脱冰量的情况下，非均匀脱冰要比导线均匀脱冰产生更大的冰跳幅值和不平衡张力，并且在设置档距范围内非均匀脱冰的冰跳高度随档距的增加没有表现出饱和或下降的趋势。

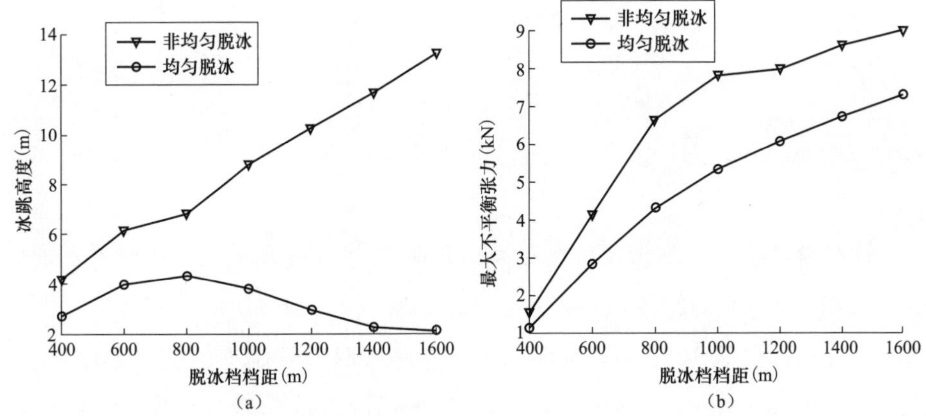


图4-29 碳纤维复合材料芯导线均匀脱冰和非均匀脱冰仿真计算

(a) 冰跳高度；(b) 不平衡张力

两种导线的非均匀脱冰计算结果对比如图4-30所示，非均匀脱冰工况下碳纤维导线和钢芯铝绞线的冰跳高度相差不大，但碳纤维导线的不平衡张力更小，具有一定的优势。

从均匀脱冰的角度建议档距400m以下线路使用碳纤维导线，此时其具有冰跳高度小且不平衡张力小的优势。从非均匀脱冰的角度碳纤维导线在档距400～

1400m 范围内不平衡张力较小，具有一定优势。从脱冰量对脱冰跳跃的影响来看，固定档距下脱冰量的改变不会影响两种导线冰跳高度和不平衡张力的大小关系。

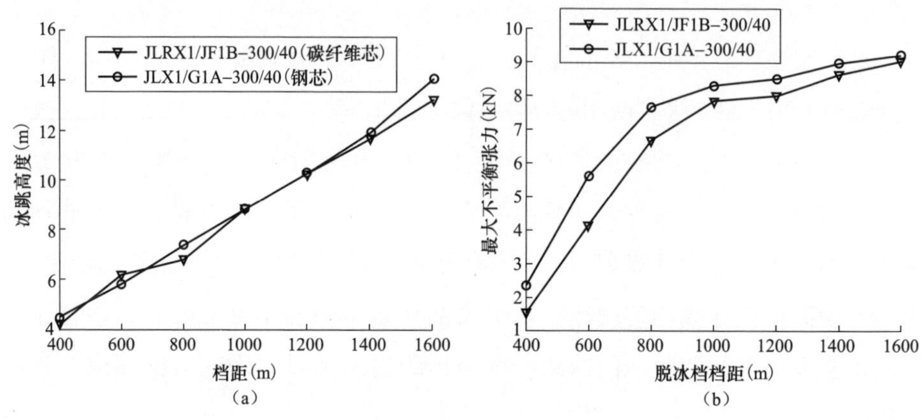


图 4－30　两种导线的非均匀脱冰计算结果对比

（a）冰跳高度；（b）不平衡张力

## 4.5　耐高温性能

针对绞合型碳纤维复合材料芯导线在高温下的热机械性能开展了系列试验。例如，JLRX1/JF1B－300/40－219 导线在 15%RTS 张力和 160℃下测试，高温持续负载 168h 后，切断电流，实施实验室常温下的抗拉强度试验，测得抗拉强度 106.6kN（105%RTS），机械强度可认为没有损失。实施的试验结果证明了 160℃对于绞合型碳纤维复合材料芯导线连续工作是一个安全的温度。

JLRX1/JF1B－300/40－219 导线及金具按照如图 4－31 所示布置试验回路，并在被测耐张线夹和接续管及测试导线上敷设测温热电偶，让电流通过试验回路，试验电流的大小和通电时间的长短应使测试导线在实验室温度上升高 130℃，期间恒温 30min，加热过程结束，切断电流，让测试导线冷却至实验室温度，进行 100 次循环。

图 4-31 热循环试验

100 次热循环试验中，于每 10 次热循环接触时测量测试导线、耐张线夹和接续管的温度和电阻。测试结果表明，金具的电阻值不大于与金具等长的导线的电阻，且金具的温升不大于测试导线的温升。耐张线夹和接续管的热循环温度曲线如图 4-32 所示。

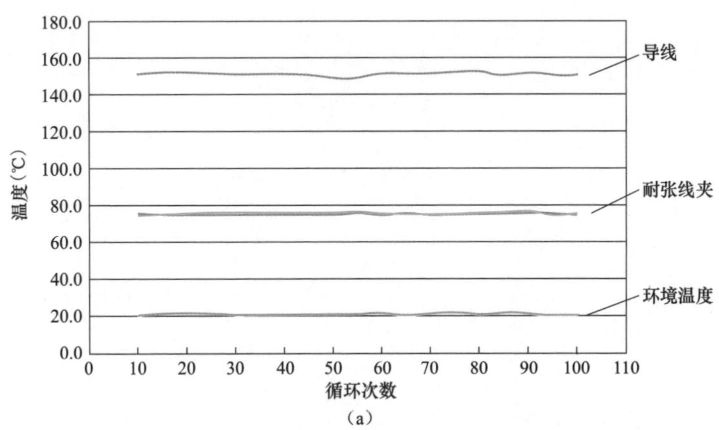


图 4-32 金具热循环温度曲线（一）

(a) 耐张线夹

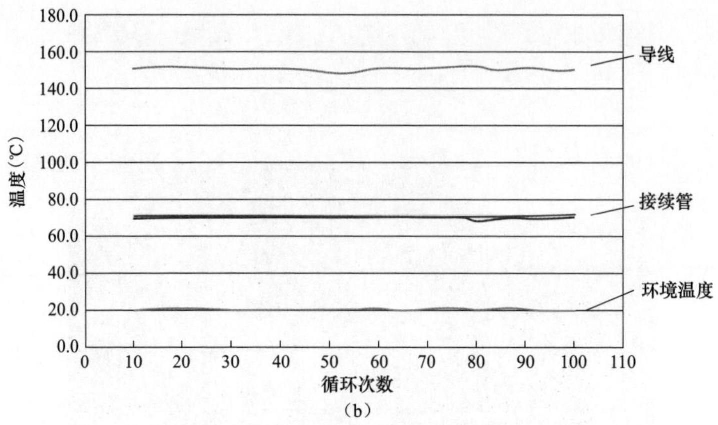


图 4-32　金具热循环温度曲线（二）

（b）接续管

# 5　绞合型碳纤维复合材料芯导线施工

绞合型碳纤维复合材料芯导线有其特殊的结构特点，相比较钢芯铝绞线在架线施工方面也有一定差异，施工过程中需要保护碳纤维复合材料芯不发生弯折受损。南方电网科学研究院有限责任公司等单位制定了关于绞合型碳纤维复合材料芯导线施工的技术标准：T/CEEIA 428—2020《碳纤维复合材料芯架空导线施工工艺及验收导则》和 Q/CSG 1203060.2—2019《绞合型复合材料芯架空导线　第 2 部分：导线设计、施工工艺及验收技术规范》，规定了绞合型碳纤维复合材料芯架空导线的施工准备、张力放线、连接、紧线、附件安装和验收等要求。

## 5.1　施工特点

（1）绞合型碳纤维复合材料芯导线外层为梯形或圆形截面的退火软铝线，邻外层截面为梯形软铝线，内层为碳纤维复合材料芯，中间存在一定的空隙，退火软铝线不能与地面或跨越物摩擦，在牵引展放过程中必须保持一定的施工张力，使绞合型碳纤维复合材料芯导线始终处于架空状态。

（2）绞合型碳纤维复合材料芯导线本身的材质与结构的特殊性，给施工带来一定的难度，主要表现在绞合型碳纤维复合材料芯导线表面为退火软铝线，中间为绞合型高强复合材料芯，因而绞合型碳纤维复合材料芯导线易磨损及松股和节距变形等。

（3）碳纤维复合材料芯与软铝表面易产生滑移与窜动，当绞合型碳纤维复合材料芯导线受到张力后，导致外层铝线及邻外层不断延展，复合材料芯相对收缩。特别是复合材料芯易产生滑移，使铝股伸长、复合材料芯收缩。

（4）绞合型碳纤维复合材料芯导线与常规钢芯铝绞线相比抗弯性能差，弯曲半径过小时易对碳纤维复合材料芯产生损伤。其次直线接续管较长，绞合型碳纤维复合材料芯导线接续管通过放线滑车时容易弯曲变形。

（5）导线与工具接触后易产生压痕。

（6）弧垂观测完毕后经过一段时间弧垂易发生变化。

## 5.2 张力放线基本要求

（1）绞合型碳纤维复合材料芯导线应采用张力放线，其展放施工全过程应处于架空状态。放线施工段最大长度不宜大于 5.0km，导线过滑车不宜超过 15 个滑轮。

（2）展放张力尽量控制在 10%RTS 以下，最高不超过 25%RTS，展放速度一般控制在 30m/min 以下。

（3）张牵设备及配套工器具应符合 DL/T 5343—2018《110kV～750kV 架空输电线路张力架线施工工艺导则》的要求，张力机的双摩擦卷筒直径不应小于绞合型碳纤维复合材料芯导线直径的 40 倍，展放软铝绞合型碳纤维复合材料芯导线时双摩擦卷筒直径不应小于绞合型碳纤维复合材料芯导线直径的 50 倍。

（4）绞合型碳纤维复合材料芯导线放线滑车应满足如下要求：

1）放线滑车槽底轮径不应小于绞合型碳纤维复合材料芯导线直径的 25 倍；对于软铝绞合型碳纤维复合材料芯导线，放线滑车槽底轮径不应小于绞合型碳纤维复合材料芯导线直径的 30 倍；滑轮的摩阻系数不应大于 1.015。

2）轮槽深度应大于绞合型碳纤维复合材料芯导线直径的 1.25 倍。

3）放线滑车轮槽接触绞合型碳纤维复合材料芯导线部分宜采用高强耐磨橡胶。牵引板与放线滑车相匹配，保证牵引板能顺利通过放线滑车；软铝绞合型碳纤维复合材料芯导线在放线滑轮上的包络角超过 25°，或滑轮轮槽底径小于 30 倍绞合型碳纤维复合材料芯导线直径时，必须加挂双滑车。

4）放线滑车中轮的承载能力应满足滑车最大工作要求。

5）绞合型碳纤维复合材料芯导线展放时应使用复合材料芯专用牵引网套；绞合型碳纤维复合材料芯导线应采用耐张预绞丝或加长夹嘴卡线器紧线、锚线。

6）绞合型碳纤维复合材料芯导线直线接续管压接完成后，应在直线接续管外加装蛇节保护管，防止直线接续管过放线滑轮时变形。

7）切割绞合型碳纤维复合材料芯导线铝股时严禁伤及绞合芯。

8）在直通紧线的耐张塔上进行高空压接时，应做平衡挂线或半平衡挂线。

## 5.3 施工准备

### 5.3.1 技术准备

（1）技术负责人应组织相关人员对施工图进行会审，对提出的问题进行汇总并报送监理、设计单位给予答复。

（2）对现场进行调查，包括运输道路、张牵场位置、地锚布置、放线滑车悬挂、交叉跨越物情况等，并形成线路调查报告。

（3）绞合型碳纤维复合材料芯导线架线前，应根据施工工艺设计编制张力架线施工作业指导性文件，包括技术方案、跨越施工方案、压接施工方案、布线图施工方案等，并对参加施工作业人员进行技术交底。

（4）开工前应对绞合型碳纤维复合材料芯导线制作检验性试件，试件的握着力均不应小于绞合型碳纤维复合材料芯导线设计使用拉断力的95%。

对各放线施工段应进行施工设计，施工设计应包括如下内容（但不限于如下内容）：

1）所有放线区段的放线张力与牵引力计算。

2）放线配套机具的验算。放线配套机具的验算包括导引绳、牵引绳、旋转连接器、抗弯连接器、蛇皮套、保护甲、卡线器、走板、卸扣等并定期进行试验。

3）地锚规格及埋设计算。地锚规格及埋设计算包括锚车、锚线、耐张塔临时拉线、导线升空、紧线、绞磨等地锚及锚线绳索的计算。铁塔锚固用施工预留孔的强度验算。

5）导线、地线上扬及包络角的验算。

6）放线滑车挂具及支撑铁的强度验算。

7）悬挂单、双放线滑车的强度验算。

8）跨越施工的计算。包括架体强度、稳定性、风偏等计算。

9）紧线张力、挂线张力的计算（含过牵引张力计算）及工具选择。

10）提线工具的验算。

11）耐张绝缘子吊装受力计算。

12）直线塔放线滑车及挂具等的验算。

13）爬山调整值的计算。

14）各放线段观测弧垂的计算。

15）飞车的强度验算及飞车与带电体间安全距离的验算。

16）跨越物对导线距离的验算。

17）压接操作平台及挂具的验算。

### 5.3.2 人员准备

(1) 参加施工人员必须接受技术交底与培训，经考试合格后，方可上岗作业。

(2) 各特殊工种人员必须齐全，并持证上岗，满足施工要求。

(3) 压接操作时应有指定的质量检查人员在场进行监督检查与记录。

### 5.3.3 材料准备

(1) 架线金具、绝缘子等材料应由业主组织监理、设计、生产、施工等单位进行开箱检查，其检查应符合 GB/T 2314—2016《电力金具通用技术条件》及 GB 50233—2014《110kV～750kV 架空输电线路施工及验收规范》的有关规定。

(2) 对入场材料进行检查，特别是绞合型碳纤维复合材料芯导线盘的外包

装，不能有破损变形，绞合型碳纤维复合材料芯导线不受损伤，对绞合型碳纤维复合材料芯导线的数量认真清点，应满足设计要求；对旧线路更换绞合型碳纤维复合材料芯导线应按耐张段记录，以便布线准备。

（3）对压接管的规格数量认真清点，特别是各管型的内、外径及长度，应符合设计标准，不允许出现缺陷。

（4）对所使用的耐张线夹、接续管、补修管进行检查，用精度为 0.02mm 的游标卡尺测量受压部分的内、外直径，其应符合标准；用钢尺测量各部长度，张线夹、接续管、补修管的尺寸、公差应符合国家标准要求，外观检查应符合 GB/T 2314—2016《电力金具通用技术条件》的有关规定。

（5）对铝制品且有包装的材料，包括均压环、预绞丝等，应开箱抽查，无问题应及时封箱，运输到达塔号后方可开箱。

### 5.3.4　机具准备

（1）张牵设备规格性能应符合绞合型碳纤维复合材料芯导线的结构特性要求，特别是张力轮槽底直径与绞合型碳纤维复合材料芯导线直径有关，在大轮径上的绞合型碳纤维复合材料芯导线应没有任何松股现象，应选择槽底直径较大的；由于受绞合芯弯曲半径小的因素影响，绞合芯对外层的铝股产生一定的滑移及松股现象，张牵设备的选择应满足相应规格导线展放牵张力的要求；张力机轮槽底部直径不应小于导线直径的 50 倍。

（2）牵引机应满足放线最大牵引力要求，应用旧导线直接牵引绞合型碳纤维复合材料芯导线时，其牵引机应符合牵引轮槽宽度要求。

（3）放线滑车的设计选型参照 DL/T 371—2019《架空输电线路放线滑车》进行，放线滑车如图 5-1 所示，且满足如下要求：

1）轮槽底部直径应该不小于导线直径的 25 倍。

2）轮槽深度大于导线直径 1.25 倍，且不小于接续管保护装置直径的三分之二。

3）轮槽宽度能顺利通过装配式牵引器与接续管保护装置。

4）滑轮槽内与导线接触部分应为胶体或其他韧性材料，滑轮的磨阻系数

图 5-1 放线滑车

不应大于 1.015。

5）与牵放方式相配合。牵引板与放线滑车应相匹配，保证牵引板的通过性。

6）放线滑车中轮的承载能力应满足滑车最大工作要求。

7）放线滑车宜采用包胶处理。

（4）绞合型碳纤维复合材料芯专用钢箍。为防止绞合型碳纤维复合材料芯导线缩颈问题，应在绞合型碳纤维复合材料芯导线铝股与绞合芯间采取防止滑移措施，控制铝股的伸长与绞合芯的收缩，尽可能地使其形成一体，采用钢箍压在导线上，防止铝股向外移动，绞合型碳纤维复合材料芯钢箍如图 5-2 所示。

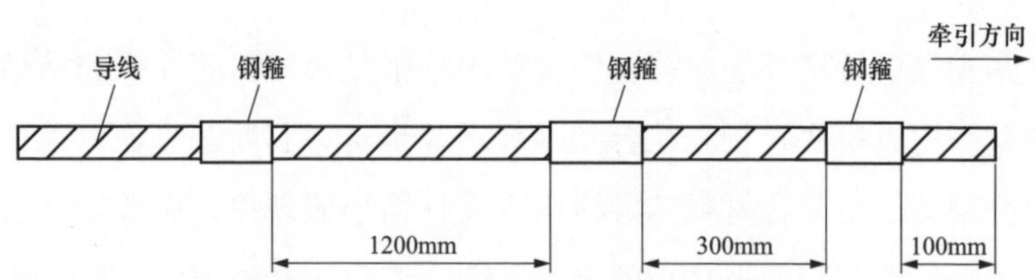

图 5-2 绞合型碳纤维复合材料芯钢箍

（5）网套（蛇皮套）应选择加长型，使其与绞合型碳纤维复合材料芯导线间的握着力增大，不产生脱套现象。网套加长型的长度不小于 3.0m，网套与绞合型碳纤维复合材料芯导线连接图如图 5-3 所示。

图 5-3 网套与绞合型碳纤维复合材料芯导线连接图

（6）卡线器。应采用铝制专用卡线器，有效地保护碳纤维软铝导线，锚线

张力不宜过大，减少绞合型碳纤维复合材料芯导线铝股的损伤，或选择加长型夹嘴卡线器。卡线器的规格与绞合型碳纤维复合材料芯导线直径要相匹配，卡线器如图 5-4 所示。

图 5-4　卡线器

（7）旋转连接器必须满足强度要求，且旋转自如，特别是在受力状态下，要旋转可靠，保证牵放过程中不出现扭劲现象。

（8）张牵机及配套工具的选择，应根据绞合型碳纤维复合材料芯导线设计使用拉断力进行计算，选取符合要求的规格性能设备及工具。

（9）绞合型碳纤维芯导线非定长张力放线时，应使用具有蛇节的接续管保护装置；过滑车时，接续管保护装置两端蛇节组产生的最大折角不应小于导线在滑轮上包络角，其弯曲半径不应小于滑轮槽底半径，且能够有效保护出口处导线；接续管保护装置主要由橡胶头、蛇节、连接头、钢管与紧固螺钉等组成，其结构如图 5-5 所示。

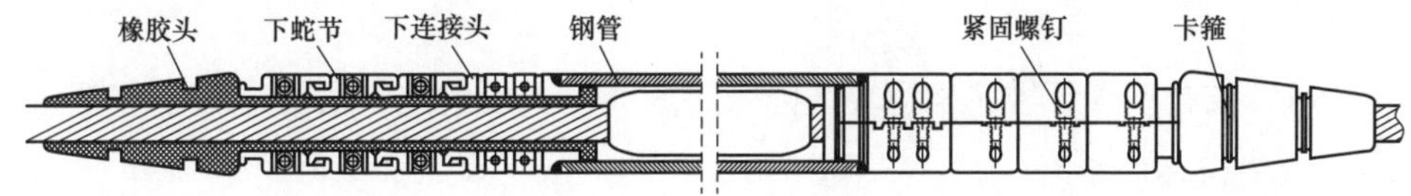


图 5-5　接续管保护装置

## 5.3.5　跨越施工准备

（1）张力展放跨越放线施工，各线索应处于架空状态，确保施工和被跨越物的安全，悬索封顶网跨越电力线施工如图 5-6 所示。

图 5－6　悬索封顶网跨越电力线施工

(2) 张力展放中搭设跨越架的几何尺寸应符合 DL/T 5106—2017《跨越电力线路架线施工规程》的规定。

(3) 跨越架顶部与绞合型碳纤维复合材料芯导线的易接触部位应采取防磨保护措施。

(4) 跨越施工有关要求应严格执行 DL/T 5106—2017《跨越电力线路架线施工规程》和 DL/T 5343—2018《110kV～750kV 架空输电线路张力架线施工工艺导则》。

## 5.4　张力放线

(1) 绞合型碳纤维芯架空导线的张力放线施工段的放线段滑车数不宜超过 15 个（山区还应少）。

(2) 绞合型碳纤维芯架空导线不受设计耐张段限制，可以把直线塔作施工段作为起止塔，在耐张塔上直通放线，但该直线塔应满足锚线工况的受力要求。

(3) 可在直线塔上做过轮临锚，凡直通放线的耐张塔也直通紧线。

(4) 在直通紧线的耐张塔上做平衡挂线。

(5) 应根据放线区段和线盘的长度情况合理选择布线方案，确定接续管的

位置以及压接作业的方式。

（6）同一耐张段中只能使用一个生产商的导线通过接续管进行连接。

（7）多分裂导线的放线方式应由施工单位根据设备和地形条件进行计算后确定，宜采用同步展放方式。

（8）牵引板后防扭钢丝绳的长度应使防捻器不得碰触导线，导线牵引示意图如图 5－7 所示。

图 5－7　导线牵引示意图

（9）张力机的位置。张力机应放于第一基塔位 3 倍塔高的距离处（例如：如果滑轮悬挂在 30m 的高度处，张力机应位于离第一基塔滑轮水平距离 90m 以外），第一基塔尽可能挂双滑车，张力机布置示意图如图 5－8 所示。

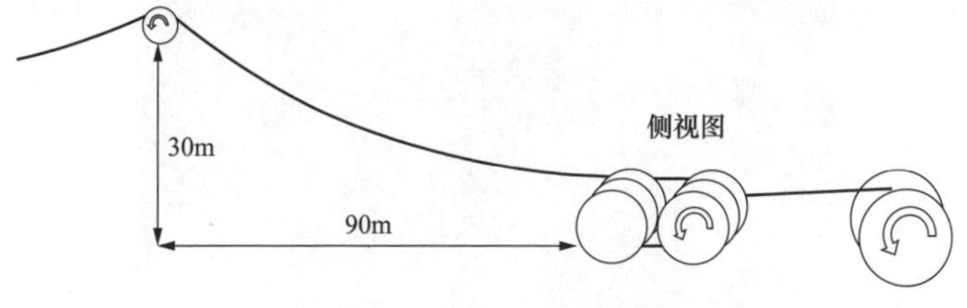


图 5－8　张力机布置示意图

（10）导线放线架。导线放线架应使用与张力机联动的液压泵制动，放线架液压泵如图 5－9 所示。

（11）蛇形接续管保护装置安装。绞合型碳纤维芯导线非定长张力放线时，应使用具有蛇节的接续管保护装置，其主要由橡胶头、蛇节、连接头、钢管与紧固螺钉等组成，蛇形接续管保护装置示意图如图 5 - 10 所示，蛇形接续管保护装置安装如图 5 - 11 所示。

图 5 - 9　放线架液压泵

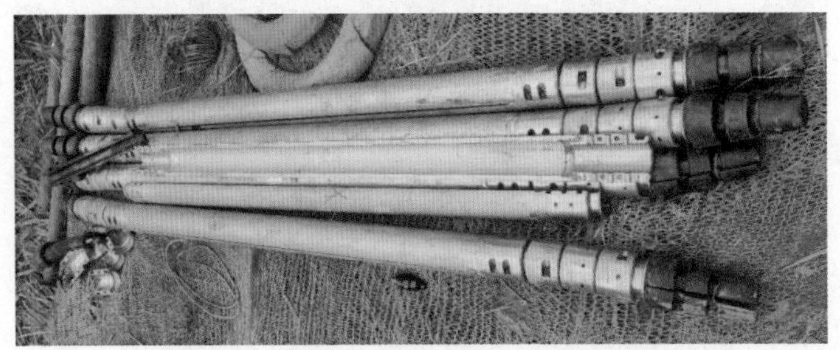

图 5 - 10　蛇形接续管保护装置示意图

图 5 - 11　蛇形接续管保护装置安装

1）安装橡胶头。

a. 连接头与钢管是一个整体，不需要安装。

b. 将半个橡胶头按照如图 5-12 所示的位置放入半圆钢管内。

c. 将接续管放入下半圆钢管内并压住橡胶头。

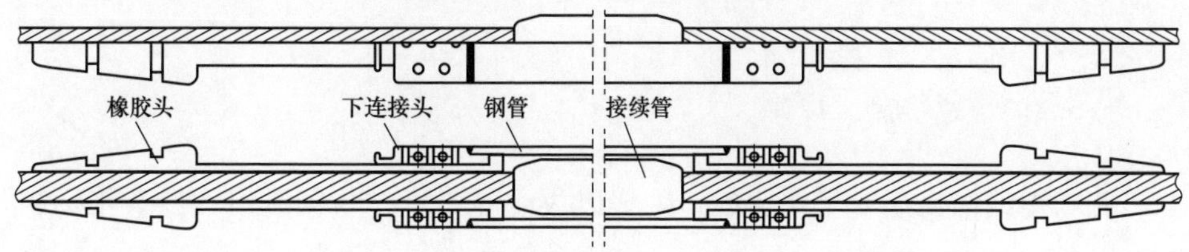


图 5-12　安装橡胶头示意图

2）紧固钢管。

a. 将上橡胶头与下橡胶头扣在一起，包住导线。

b. 把上半圆管与下半圆管上的连接头扣在一起，并用紧固螺钉紧固在一起，紧固钢管示意图如图 5-13 所示。

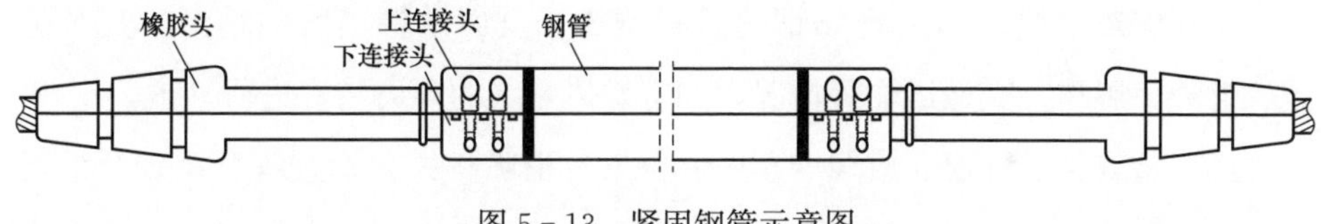


图 5-13　紧固钢管示意图

3）安装蛇节。

a. 用紧固螺钉将蛇节从内到外依次安装，蛇节每端三个对称布置。

b. 用不锈钢卡箍拧紧最外侧的橡胶头。

c. 用胶带将卡箍外露部分缠绕，防止损伤滑车，安装蛇节如图 5-14 所示。

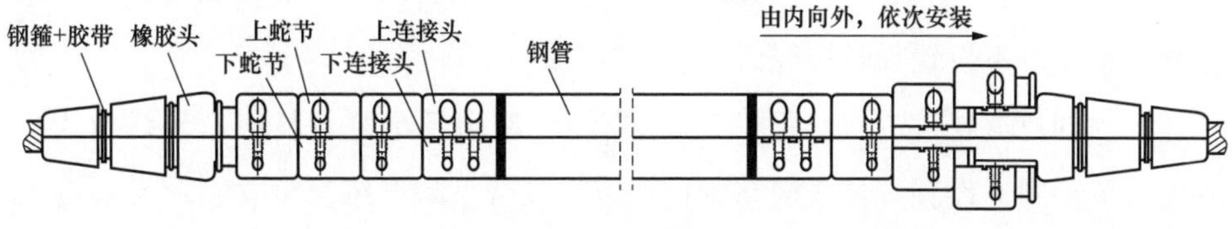


图 5-14　安装蛇节

## 5.5 紧线施工

### 5.5.1 紧线施工原则及准备

#### 5.5.1.1 紧线施工原则

张力架线结束后应尽快紧线，一般以放线施工段作为紧线段，以牵张场相邻直线塔或耐张塔作紧线操作塔；当放线段由多个耐张段组成时，根据施工需要，也可选择中间耐张塔作为紧线操作塔；紧线端跨越多个耐张段时，应对各耐张段分别紧线，先紧与紧线操作塔最远的耐张段，再紧次远的耐张段，以此类推。

#### 5.5.1.2 紧线前的施工准备

(1) 应对紧线段内的现场情况进行调查，全面掌握沿线的地形、交叉跨越、各种障碍物、交通运输等情况，如有妨碍紧线的障碍物应进行处理。

(2) 检查各子导线在放线滑车中的位置，消除跳槽；检查绞合型碳纤维复合材料芯导线是否相互有扭力，如有扭力需处理后再进行紧线。

(3) 检查压接管的位置是否符合设计和施工布线要求，是否有利于锚线压接，否则应进行处理。

(4) 耐张塔临时拉线的设置。

1) 临时拉线应依据挂线方式而定，如果其中一侧先挂线，使横担承受不平衡张力时，则必须在另一侧设置临时拉线；凡耐张塔一侧的碳纤维导地线已紧线，另一侧在挂线前不必再挂设置临时拉线，紧线段中间的耐张塔紧线时采用平衡挂线可不设置临时拉线。

2) 临时拉线应按设计要求，在紧靠绞合型碳纤维复合材料芯导线挂线点的主材节点附近设置，拉线应布置在相应的绞合型碳纤维复合材料芯导线的延长线上，每相绞合型碳纤维复合材料芯导线各装置一组，其临时拉线规格应按

设计提出的不平衡张力的规定选择，下端应有长度调节装置，临时拉线对地水平夹角不应大于45°。

### 5.5.2 直线接续管压接前的锚线

#### 5.5.2.1 直线接续管地面压接的锚线

（1）待绞合型碳纤维复合材料芯导线放线完毕后，对直线接续管档的双头网套位置进行检查，确认符合要求后对相邻两侧铁塔进行过轮临锚，利用过轮临锚拉线收紧导线，在收紧导线的同时牵张机两侧应放松绞合型碳纤维复合材料芯导线，将绞合型碳纤维复合材料芯导线双头网套落地；在收紧与放松绞合型碳纤维复合材料芯导线时，要保持绞合型碳纤维复合材料芯导线其他档对地距离，即控制导线的张力不与跨越物及障碍物相接处。

（2）在双头网套落地处两侧分别做临锚，但要留出一定长度导线余度，拆除双头网套进行压接。

（3）压接完毕后进行导线升空，绞合型碳纤维复合材料芯导线升空与常规导线方法相同，但升空用的压线滑车必须采用大轮径滑车，保证绞合型碳纤维复合材料芯导线的曲率半径要求。

#### 5.5.2.2 耐张塔横担上压接的锚线

（1）待绞合型碳纤维复合材料芯导线接头到达需要设置直线接续管档时，双头网套过放线滑车后，立即停车，对所需绞合型碳纤维复合材料芯导线进行空中锚线，拆除双头网套，在空中压接，空中锚线如图5-15所示。

（2）锚线长度尽量远一些，可调整压接位置，留出绞合型碳纤维复合材料芯导线压接余度；调节临时拉线长度时，锚线张力不直过大，需要留出较长余度时可在牵引侧放松导线张力再进行压接。

（3）空中压接应采用压接平台，压接完毕后拆除锚线工具及操作平台，继续牵引到达施工设计直线接续管位置。

图 5 - 15　空中锚线

### 5.5.3　绞合型碳纤维复合材料芯导线紧挂线

(1) 在一端连接耐张绝缘子串及金具，并进行挂线；也可先将耐张绝缘子串及金具边连接边提升，再悬挂到耐张塔挂线孔上，耐张绝缘子及金具挂线如图 5 - 16 所示。

图 5 - 16　耐张绝缘子及金具挂线

(2) 在另一端进行紧线及平衡挂线，耐张塔紧线及平衡挂线如图 5 - 17 所示。

(3) 弧垂观测。弧垂观测指按施工设计选择的观测档对绞合型碳纤维复合

图 5 - 17　耐张塔紧线及平衡挂线

材料芯导线弧垂进行观测，达到设计标准值后进行锚线。

（4）弧垂观测完毕放置 12h 后，再对弧垂进行检查，若弧垂无变化，则进行空中压接，平衡挂线；若弧垂发生变化，则对弧垂进行微调、精调达到标准值，再进行空中压接和平衡挂线。在紧线过程中往往会出现弧垂发生变化，主要是卡线器与绞合型碳纤维复合材料芯导线间发生了滑移，卡线器握不住复合绞合芯，会造成铝股节距发生变化，因此紧线用卡线器非常重要。

（5）拆除所有紧线工具并对线上进行检查，消除绞合型碳纤维复合材料芯导线上的缺陷，耐张金具绝缘子串安装如图 5 - 18 所示。

图 5 - 18　耐张金具绝缘子串安装

### 5.5.4 紧线施工的改进

(1) 弧垂观测档的选择按照 GB 50233—2014《110kV～750kV 架空输电线路施工及验收规范》执行，在弛度调整中，导线在滑车上往返次数不宜超过 5 次。

(2) 弧垂观测中，应随时注意环境温度对导线弧垂的影响，温度应在观测档内实测，及时进行调整。

(3) 以弧垂观测作标准，紧线应力达到标准后，保持紧线应力不变，在紧线段内的直线塔和耐张塔上同时画印，完成画印后进行线上作业。

(4) 导线挂完后，按照产品特性要求注意观察弧垂变化，确认无误后再安装附件。

(5) 为防止紧线时导线损伤，在紧线时应使用双卡线器串联施工，双线夹紧线示意图如图 5-19 所示。

图 5-19 双线夹紧线示意图

## 5.6 附件安装

### 5.6.1 一般规定

(1) 附件安装前使用砂纸对绞合型碳纤维复合材料芯导线上未处理的局部

轻微打磨；当导线外股擦伤深度超过 2mm，且截面积损伤超过导电部分截面积的 2%时，应按 GB 50233—2014《110kV～750kV 架空输电线路施工及验收规范》的要求进行损伤处理。

(2) 提线器接触导线应加软衬保护。

(3) 提线吊钩接触绞合型碳纤维复合材料芯导线的宽度应按绞合型碳纤维复合材料芯导线厂家要求，接触部分应加软衬垫。

### 5.6.2 直线线夹安装

直线线夹安装与常规普通导线基本相同，但在使用提线器时，其与导线相接触的提线钩子，必须满足绞合型碳纤维复合材料芯导线曲率半径要求，可采用悬垂线夹作提线钩，保证提线钩的曲率半径；提线钩内侧必须挂胶，防止绞合型碳纤维复合材料芯导线损伤。

### 5.6.3 跳线安装

(1) 跳线应使用未经牵引的原装导线制作；使用非绞合型碳纤维复合材料芯导线时导线截面积应不得小于相同载流量的导线截面积；应使原弯曲方向与安装后的弯曲方向相一致。

(2) 线长以设计提供的跳线弧垂为准且应满足设计要求，施工时应实际测量跳线长度，进行空中切割和压接。

(3) 在地面将跳线组装成整体连同其悬垂绝缘子串一并起吊，在塔上就位安装。

(4) 在塔上应挂设作业软梯，以便于就位安装跳线线夹和跳线间隔棒。

### 5.6.4 施工验收

绞合型碳纤维复合材料芯导线架线工程的验收，应遵照 GB 50233—2014《110kV～750kV 架空输电线路施工及验收规范》执行，与绞合型碳纤维复合材料芯导线相关的连接要求则根据 DL/T 5284—2019《碳纤维复合材料芯架空导线施工工艺导则》的规定进行验收。

## 5.7 压接施工

### 5.7.1 基本规定

（1）液压作业应有操作指导性文件，且对参加施工人员进行技术交底与培训，考试合格，并持证上岗。

（2）液压操作人员应熟悉液压机性能，熟练操作设备，所使用的液压机必须有足够的与所用钢模相匹配的功率；机械工作正常，压力表计指示准确。

（3）液压作业所用的工器具在使用前应经过检查与检验，符合作业要求。

（4）计量器具应进行检验与校验，包括压膜、钢尺、游标卡尺等，符合标准要求。

（5）绞合型碳纤维复合材料芯导线与金具的规格、尺寸和间隙必须匹配，并经过检验合格，且材料检验和质量标准符合设计规定。

（6）绞合型碳纤维复合材料芯导线的压接部分应平整完好，同时与管口距15m以内应不存在必须处理的缺陷。

（7）在割断绞合型碳纤维复合材料芯导线铝股时，严禁伤及绞合芯。

（8）量尺画印的定位印记，画好后应立即复查，以确保正确无误。

（9）金具表面必须光洁，无裂纹、伤痕、砂眼、锈蚀和凸凹不平等缺陷。

（10）压接现场绞合型碳纤维复合材料芯导线不得与地面直接接触，锚线长度应距导线端头处15m以外。

（11）对使用的各种规格的接续管及耐张线夹，应用汽油清洗管内壁的油垢，并清除影响穿管的锌渣、锌瘤，以塑料袋封装。

（12）穿管前，应将绞合型碳纤维复合材料芯导线连接部分的表面以及穿管可能接触到的绞合型碳纤维复合材料芯导线表面用细钢丝刷清除表面氧化膜，并涂上一层导电脂。

## 5.7.2　压接操作

### 5.7.2.1　直线接续管压接

（1）接续管包括外压接管、铝衬管、钢管，直线接续管部件如图 5-20 所示。

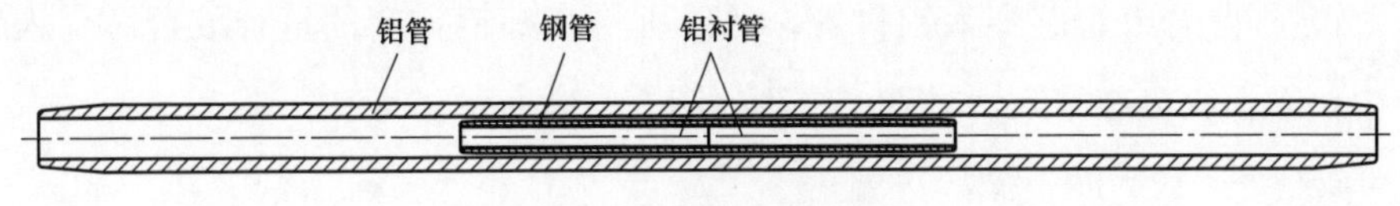


图 5-20　直线接续管部件

（2）穿管。穿管指用洁布将绞合型碳纤维复合材料芯导线端部表面擦净，长度不小于外压接管长度的 3 倍，将接续管的内衬管自绞合型碳纤维复合材料芯导线的两端部套入绞合型碳纤维复合材料芯导线，然后再将外压接管从任一绞合型碳纤维复合材料芯导线端部套入绞合型碳纤维复合材料芯导线中。

（3）画印记。画印记指在绞合型碳纤维复合材料芯导线端头处用铝衬管量取等长（$L_1$）＋50mm 的导线长度，并画好印记，印记处绞合型碳纤维复合材料芯导线侧用胶布把绞合型碳纤维复合材料芯导线缠绕，防止绞合型碳纤维复合材料芯导线散股，用 $L_1$＋50mm 导线画印记如图 5-21 所示。

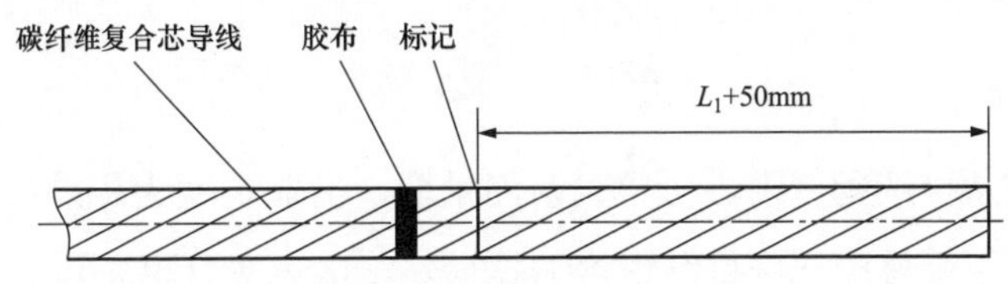


图 5-21　用铝衬管取等长＋50mm 导线画印记

（4）剥线。剥线包括在印记处将铝股分层锯割，不准损伤复合材料芯；剥线完成后先用干布擦去复合材料芯上的油渍，再用 220 目网格纱布轻轻地均匀地擦磨复合材料芯外表面，最后用柔软洁净的布将粉末擦拭干净，剥线如图 5-22 所示。碳纤维复合材料芯严禁接触明火，网格纱布不允许重复使用。

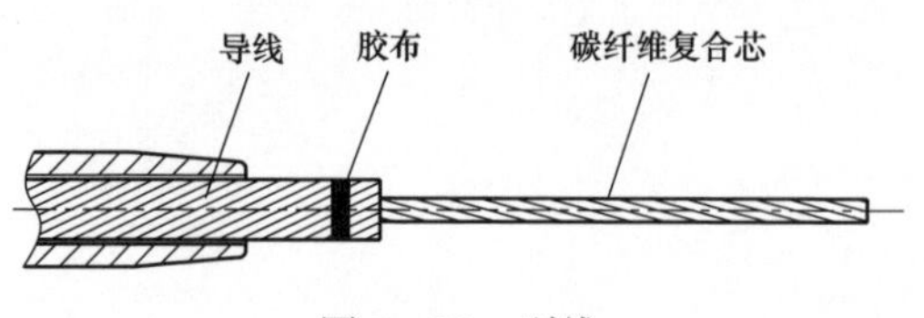


图 5-22　剥线

(5) 钢管压接。

1) 把复合绞合芯穿入铝衬管，然后再将套好铝衬管的复合绞合芯穿入钢管中，复合绞合芯穿入铝衬管、钢管如图 5-23 所示。

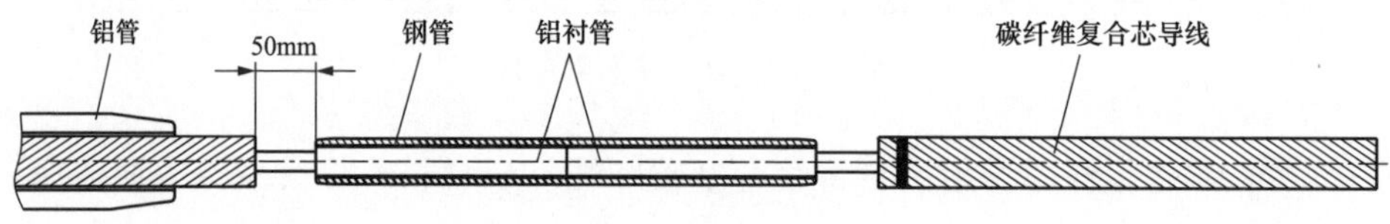


图 5-23　复合绞合芯穿入铝衬管、钢管

2) 绞合型碳纤维复合材料芯接续管钢管压接时，从钢管中心向端口依次压接，施压时模与模具之间重叠不小于 5mm，钢管压接如图 5-24 所示。

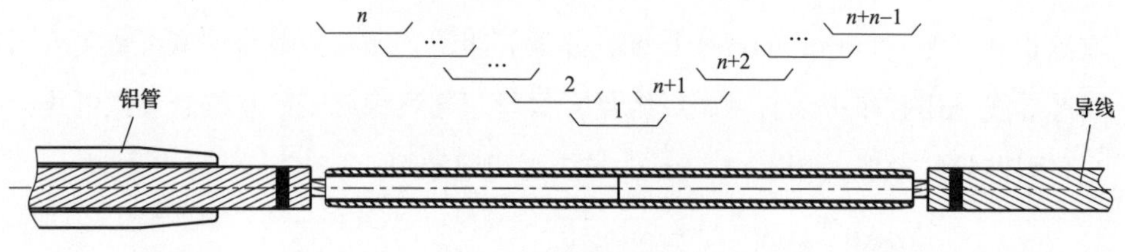


图 5-24　钢管压接

3) 用尺从接续钢管中心向导线两侧量取，量取长度为压接铝管长度的 1/2，并在导线上画好印记（接续钢管中心至外压接管端口距离），量取接续管钢管中心至导线端头距离如图 5-25 所示。

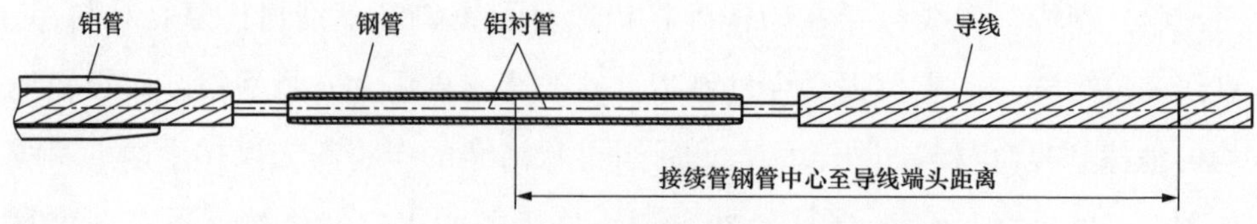


图 5-25　量取接续管钢管中心至导线端头距离

4）对绞合型碳纤维复合材料芯导线进入铝管部分铝股均匀涂刷电力脂，并完全覆盖；用钢丝刷沿绞合型碳纤维复合材料芯导线捻绕方向对已涂电力脂部分进行擦刷，然后用洁布擦去多余电力脂。

5）按之前在绞合型碳纤维复合材料芯导线上的印记将铝管安装到位。

6）铝管表面涂脱模剂。

7）在铝管两端标记线外5mm处开始向管口端部依次施压；施压时模与模之间的重叠处不应小于10mm，实测压后铝管对边净距及管长，直线接续压接如图5－26所示。

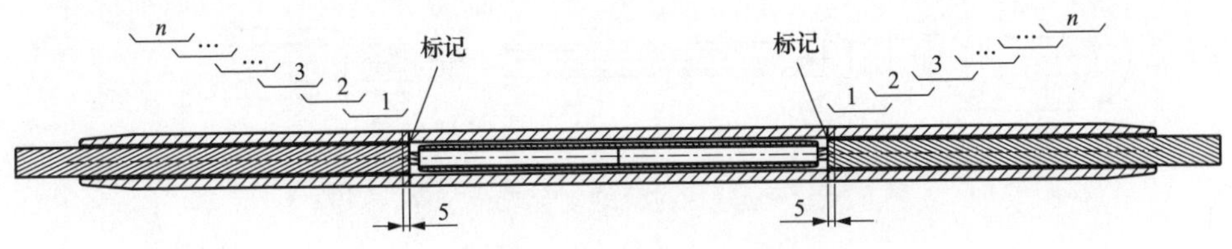


图5－26　直线接续压接

#### 5.7.2.2　耐张线夹压接

（1）耐张线夹包括耐张线夹铝管、铝衬管、钢锚，耐张线夹部件组成如图5－27所示。

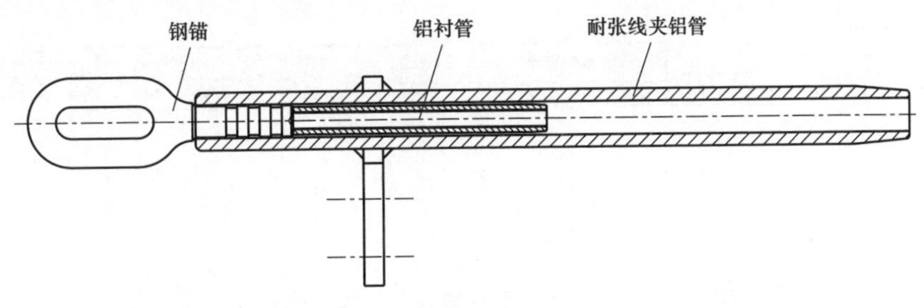


图5－27　耐张线夹部件组成

（2）穿管。穿管指用洁布将导线表面擦净，长度不小于外压接管长度的3倍，将导线端头穿入内衬管，然后穿入耐张线夹联结套。

（3）画印记。画印记指在导线端头处用铝衬管量取等长（$L_1$）＋50mm的导线长度，并画好印记，印记处导线侧用胶布把导线缠绕，防止导线散股。

（4）剥线。剥线包含在印记处将铝股分层锯割，不准损伤复合材料芯；剥线完成后先用干布擦去复合材料芯上的油渍，再用220目网格纱布轻轻地均匀地擦磨复合材料芯外表面，最后用柔软洁净的布将粉末擦拭干净。

（5）钢锚安装。

1）将铝衬管套在绞合型复合材料芯外层。

2）把套好铝衬管的绞合型复合材料芯穿入钢锚内，确保铝衬管端头与钢锚端头平齐。套好铝衬管的复合绞合芯穿入钢锚如图5-28所示。

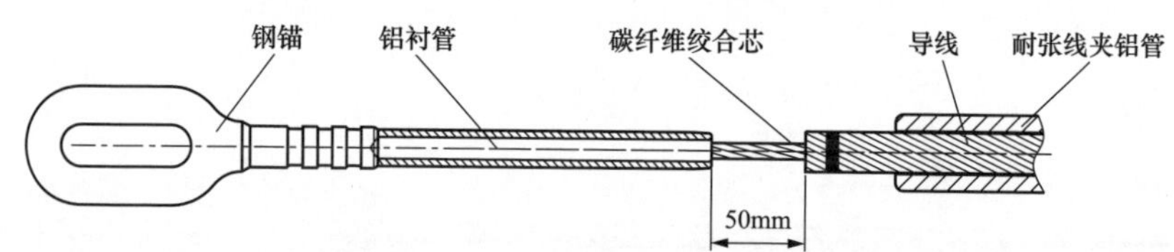


图5-28　套好铝衬管的复合绞合芯穿入钢锚

3）绞合型碳纤维复合材料芯导线的钢锚采用压接的方式，钢锚从端口开始向钢锚环方向处依次压接，施压时模与模具之间重叠不小于5mm。绞合型碳纤维复合材料芯导线耐张线夹钢锚压接如图5-29所示。

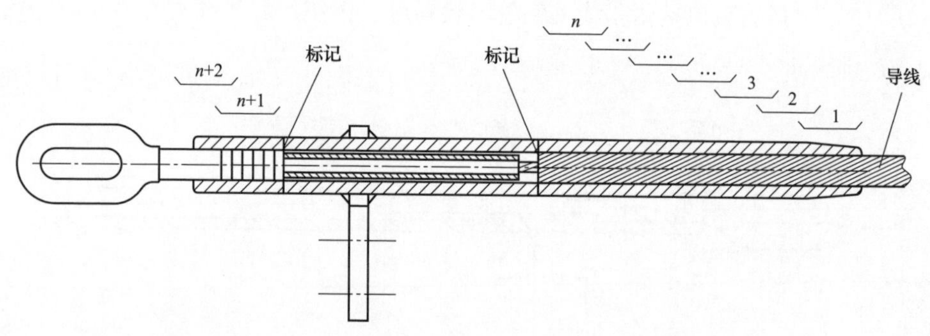


图5-29　绞合型碳纤维复合材料芯导线耐张线夹钢锚压接

把外压接管推到离钢锚台阶还有35mm的位置，外压接管位置如图5-30所示。

绞合型碳纤维复合材料芯导线的耐张线夹从耐张线夹铝管出线口处开始施压，向钢锚方向依次施压；施压时模与模之间的重叠部分不应小于5mm；压

接时应保持耐张线夹连接钢锚与耐张线夹铝管引流的正确位置，外压接管压接如图 5－31 所示。

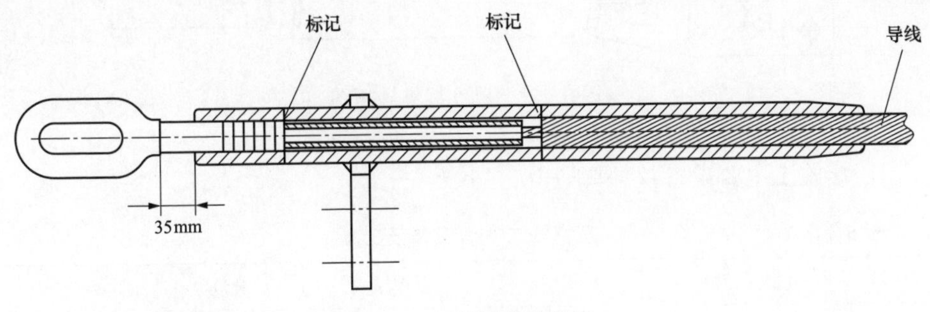


图 5－30　外压接管位置

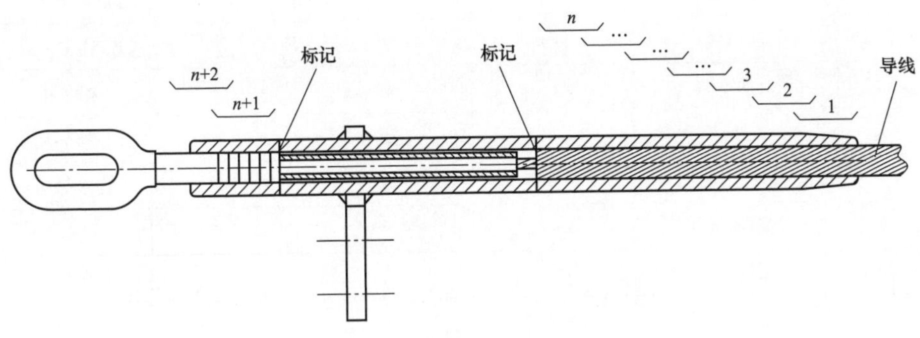


图 5－31　外压接管压接

### 5.7.2.3　跳线线夹压接

（1）先清除跳线线夹内多余导电脂。

（2）在绞合型碳纤维复合材料芯导线端头处量取等长印记点到线夹口的距离，画好印记。

（3）用钢丝刷清除导线进入跳线线夹部分的铝股氧化膜。

（4）将绞合型碳纤维复合材料芯导线穿入跳线线夹内，线夹端口正好和导线上印记重叠。

（5）应使跳线线夹方向与原弯曲方向一致，由线夹端口向印记处依次施压，跳线线夹施压图如图 5－32 所示。

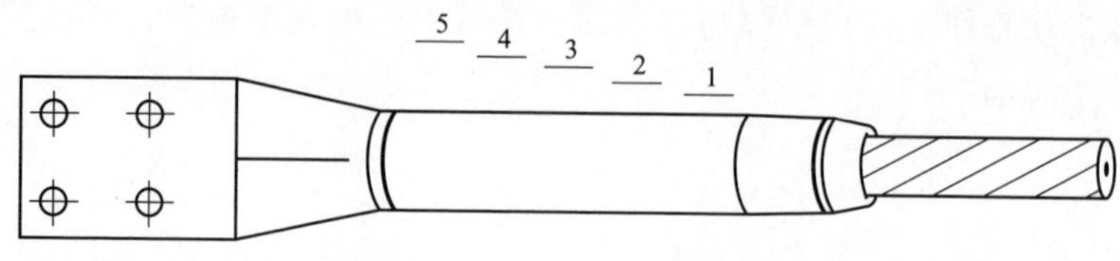

图 5-32　跳线线夹施压图

压接施工主要设备及工具见表 5-1。

**表 5-1　压接施工主要设备及工具**

| 序号 | 物资名称 | 物资型号 | 单位 | 数量 | 用途 |
|---|---|---|---|---|---|
| 1 | 牵引机 | | 台 | 4 | 牵引导线 |
| 2 | 张力机 | | 台 | 2 | 展放导线 |
| 3 | 液压机 | 120t | 台 | 12 | 配相应钢模 |
| 4 | 机动绞磨 | | 台 | 20 | 紧线用 |
| 5 | 蛇皮套 | | 条 | 300 | 连接导用 |
| 6 | 旋转连接器 | 5～8t | 个 | 300 | 连接导用 |
| 7 | 抗弯连接器 | 5～8t | 个 | 100 | |
| 8 | 三轮放线滑车 | | 个 | 200 | 包胶 |
| 9 | 接续管保护套 | | 套 | 30 | 蛇接型 |
| 10 | 走板 | | 副 | 8 | 蛇接型 |
| 11 | 吊车 | 12t 或 16t | 台 | 2 | |

## 5.8　安全质量控制措施

### 5.8.1　质量控制

(1) 工程质量控制标准。施工质量参照 DL/T 5285—2018《输变电工程架空导线（800mm$^2$ 以下）及地线液压压接工艺规程》、DL/T 5284—2019《碳纤维复合材料芯架空导线施工工艺导则》、T/CEELA 428—2020《碳纤维复合材料架空导线施工工艺及验收导则》执行。

（2）质量控制措施。

1）执行“一卡一单”制度，即安装施工时，应按照“工艺卡”操作，一个工序完成后经过验收会签后方可进入下一步工序；检查验收时填写“质量检查验收单”，采用边验收边填写的办法现场会签。

2）在施工过程中应注意对导线的保护。

3）施工单位严格执行三级验收制度，即班组自检、工地复检和公司验收，验收合格后及时按相关规定报监理及业主验收。

### 5.8.2　安全措施

（1）所有施工人员必须在进行三级安全教育，经考试合格后方可进行施工；无关人员严禁进入作业现场；电工、起重工、压接工（开工前重点培训，最好地面和高空分开培训）、机操工、测工、高空等特殊工种必须持有效合格证件作业。

（2）设备吊装用索具、器械等均应校验合格，且在有效期内使用。

（3）高处作业人员必须按照规定挂好安全带和第二道安全绳，穿紧身衣及软底布鞋；工具及物料都应有防坠落措施，上下传递物料时必须使用上料绳，严禁抛掷。

（4）施工区段应挂设接地线，做好防感应电措施。

（5）所有地锚坑、跨越架应有专人检查；所有机具设备应做好临时接地措施。

## 5.9　施工验收及移交

### 5.9.1　架线施工验收

验收项目如下：

（1）导线的弧垂。

（2）绝缘子的规格、数量，绝缘子串的倾斜、绝缘和清洁。

（3）金具的规格、数量及连接安装质量，金具螺栓或销钉的规格、数量、穿向。

（4）引流线安装连接质量、弧垂及最小电气间隙。

（5）接头、修补的位置及数量。

（6）防振锤的安装位置、规格数量及安装质量。

（7）间隔棒的安装位置及安装质量。

（8）导线换位情况。

（9）导线对地及跨越物的安全距离。

（10）线路对接近物的接近距离。

（11）施工验收质量记录表由相关人员填写，签字后生效。

（12）工程本体质量记录、工程施工及验收的施工质量记录、施工材料质量记录包括的各项事宜经建设、运行、设计、监理、施工各方共同确认合格后，该工程通过验收。

### 5.9.2 架线资料移交

下列资料为架线施工移交资料，移交时应统一编号并按工程档案管理要求装订成册且列出清单：

（1）工程验收的施工质量记录。

（2）修改后的竣工图。

（3）设计变更通知单及工程联系单。

（4）原材料和器材出厂质量合格证明和试验记录。

（5）代用材料清单。

（6）工程试验报告（记录）。

（7）未按设计施工的各项明细表及附图。

（8）施工缺陷处理明细表及附图。

（9）相关协议书。

完成各项验收、试验、资料移交，且试运行成功，建设、运行、设计、监理及施工各方签署竣工验收签证书后，即为竣工移交。

# 6 绞合型碳纤维复合材料芯导线应用

与现有的各种架空导线相比，绞合型碳纤维复合材料芯导线作为一种新型复合材料芯导线，充分发挥了有机复合材料的特长，具有重量轻、强度大、耐高温、耐腐蚀、线损低、弧垂小、降低线路造价等优点。在输送相同容量的条件下，碳纤维复合材料芯导线相比传统钢芯导线可减少线损，节约输电走廊，是提高输电线路单位输送容量和减少温室气体排放的优选导线，也是推动新型电力系统建设和绿色低碳技术发展的有效途径。

## 6.1 适用范围

### 6.1.1 增容改造

随着我国国民经济的迅速发展，对电力供给的需求不断上升，同时土地价格昂贵、线路走廊资源日趋紧张的情况尤为突出，输电线路走廊征地青苗赔偿的成本可达线路本体造价的数倍。在老旧线路改造方面，将原线路拆除重建或重新开辟新的线路通道十分困难，且建设周期长。由于铁塔设计寿命一般为 40 年，利用现有线路铁塔更换增容导线实现线路增容，在老旧线路改造工程中往往具有最高的可行性，并且相比改建铁塔往往具有巨大的经济性优势。

碳纤维复合材料芯导线作为技术最先进的新型导线之一，在增容改造中一般无须更换老旧铁塔即可满足设计要求，可缩减杆塔新建和更换数量，减少一次投资，缩短建设周期，节省停电时间，提升供电可靠性，十分适用于老旧线路改造工程。

一般地，线路增容改造倍数在 1.7 以上应选用常规耐热铝合金导线，线路改造量就比较大，这时需要选择碳纤维复合材料芯导线、殷钢芯耐热铝合金导线等高温弧垂性能更加优异的导线。理论上，这两种导线增容比可以达到2倍以上。相比较碳纤维复合材料芯导线，殷钢芯耐热铝合金导线的机械特性有一定差异，导线单价较贵，选用殷钢芯耐热铝合金导线时需要做技术经济性比较。

### 6.1.2 大跨越线路

大跨越线路技术复杂，设计气象条件比一般线路严酷，对安全的要求也比一般线路高，工程量大，施工周期长。碳纤维复合材料芯导线用于大跨越线路，主要有以下技术优点：

(1) 碳纤维复合材料芯导线重量轻、强度高，在运行应力相同时弧垂小。碳纤维复合材料芯导线与钢芯铝绞线截面相同时，自重减轻10%～15%，拉力重量比增大约10%，弧垂较小。例如，当档距为450m时，弧垂减小2.0～2.5m。

(2) 碳纤维复合材料芯导线线膨胀系数只有钢芯铝绞线的10%～20%，在运行温度变化较大时，弧垂变化小。

### 6.1.3 覆冰地区

覆冰地区线路地形复杂，环境恶劣，导线型式应具有较好的结构和良好的机械性能，综合考虑其弧垂特性、过载能力、杆塔荷载及绝缘子影响等。

绞合型碳纤维复合材料芯导线用于覆冰地区输电线路，主要有以下技术优点：

(1) 与同等规格的钢芯铝绞线相比，绞合型碳纤维复合材料芯导线周长短于钢芯铝绞线，因此，覆冰量少于钢芯铝绞线，可减少覆冰量。

(2) 型线表面光滑，与我国曾经引进的法国防冰导线具有完全一样的结构，不易覆冰。

(3) 导线重量轻，拉力大，机械强度高，当出现覆冰导致的过载时不致出现断线事故。

(4) 线膨胀系数较低，具有优良的孤垂性能；覆冰时导线间隙距离不足的

问题大大缓解；弧垂和张力不会出现大的变化，导线表面的冰层厚度更加均匀，缓解脱冰跳跃问题。

### 6.1.4 台风地区

我国沿海地区易受台风的肆虐破坏，在台风、飑线风、龙卷风等强风暴下输电线路可能发生线路跳闸、导线损伤、杆塔倒塌等情况，输电线路的安全运行受到严重威胁，因此沿海多台风地区的导线选型极为重要。

与同等铝截面的钢芯铝绞线相比，绞合型碳纤维复合材料芯导线直径和水平风荷载均减小约10%。在海南电网有限责任公司海口供电局220kV福丰Ⅰ线增容改造工程中先后经受住了14级强台风“尤特”、17级超强台风“威马逊”、14级强台风“莎莉嘉”等的考验。

### 6.1.5 严重腐蚀地区

钢芯铝绞线作为现行服役时间最长，应用范围最广的架空输电线路导线，其应用的主体地位在未来相当长的一段时间不会改变。钢芯铝绞线的安全可靠运行对保障电力输送至关重要，然而钢芯铝绞线服役环境较为复杂，在大气环境中易受到各种腐蚀因素的影响从而引发导线性能的腐蚀退化。

日本东京制纲株式会社为比较绞合型碳纤维复合材料芯导线和镀锌钢芯铝绞线的腐蚀特性，开展了2000h盐雾试验，测试后，绞合型碳纤维复合材料芯导线铝导体内表面有光泽，表面状况良好，没有迹象表明发生电偶腐蚀；而镀锌钢芯铝绞线内表面没有光泽，表面有附着物，镀锌钢芯出现红锈，钢和铝接触发生了电偶腐蚀。绞合型碳纤维复合材料芯导线的复合材料芯有保护层有效地避免了常用钢芯铝导线的电偶腐蚀问题，可抵御外污秽通过线间缝隙对导线加强芯的侵蚀，增加了导线的使用寿命。

## 6.2 技术经济性分析

以某220kV线路增容改造工程为例，该线路工程在原线路基础上更换增容导线，不改变原线路路径，不更换铁塔，要求更换后增容导线对地的最大弧垂应小于原导线对地最大弧垂。对各类增容导线进行性能参数、弧垂特性、荷载比较，将原钢芯铝绞线导线（2×LGJ－240/40）更换为铝包殷钢芯超耐热铝合金导线（2×JNRLH1/LBY－210/40）、间隙型耐热铝合金导线（2×JNR-LH1S/G5A－240/40）、特强钢芯软铝绞线（2×JLRX1/G5A－240/40）、碳纤维复合材料芯软铝导线（2×JLRX1/F1B－240/40）后均满足线路工程弧垂、原杆塔的使用要求，各种增容导线造价对比分析见表6－1。

**表6－1　　各种增容导线造价对比分析**

| 比较项目/导线组合 | 铝包殷钢芯超耐热铝合金导线 | 间隙型耐热铝合金导线 | 特强钢芯软铝绞线 | 碳纤维复合材料芯软铝导线 |
|---|---|---|---|---|
| 导线单价（万元/t） | 9.38 | 4.08 | 3.4 | 5.6 |
| 每公里金具价格（万元）（单回，不含绝缘子） | 2.9 | 2.9 | 2.9 | 6.9 |
| 静态单位投资（万元/km） | 103.92 | 70.65 | 65.41 | 75.61 |
| 静态总投资（万元） | 3637 | 2473 | 2289 | 2646 |
| 线损费用（万元，30年计） | 113925 | 99645 | 94290 | 91980 |
| 折算到每年的线路耗损费（万元） | 3919 | 3404 | 3219 | 3154 |

采用表6－1所述的各类导线均能满足原线路增容改造要求。在增容改造线路工程中，增容导线单价一般较高，导线投资也较高。因此，导线的造价对线路工程的本体投资影响也较大。铝包殷钢芯超耐热铝合金导线在各类增容导线中单价最贵，导线投资最贵。在线路损耗方面，根据单位长度线路年电能损耗计算可得到线路全寿命周期内（按30年计）电能损耗造成的经济损失。碳纤维复合材料芯导线没有钢线的磁滞损耗和发热，且采用高纯度软铝型线，在同样外径下铝截面比同类导线大20%左右，导电率高，因此线路综合损耗小，节能效果明显。计算结果表明碳纤维复合材料芯导线在所列的增容导线中线损最低。由各项数据综合比较下来，碳纤维复合材料芯软铝导线最优，铝包殷钢芯超耐热铝合金导线次之，再其次是特强钢芯软铝绞线，而间隙型耐热铝合金导线排在最后。

在现有各类导线中，绞合型碳纤维复合材料芯铝绞线导线（aluminum

conductor multi－strand carbon fiber core，ACMCC）是弧垂性能最佳的导线之一，应用于大跨越线路区段（跨度 1000m 以上）具有明显技术优势。经计算分析，当线路跨度达到 1000m 以上时，其技术经济性得到体现。

以某 1000kV 大跨越线路（跨度 2150m，耐张线路长度 5023m）为例，对比分析特高强度钢芯铝合金导线（AACSR/HEST－500/280）和绞合型碳纤维复合材料芯铝绞线（ACMCC－490/50）。假设该大跨越选用 ACMCC－490/50 绞合型碳纤维复合材料芯导线，将带来如下结果：

（1）便宜约 44%，AACSR/HEST－500/280 导线参考价格 80 万元/km，ACMCC－490/50 导线参考价格 45 万元/km。

（2）杆塔高度降低 67m（按跨度 2150m、导线温度 90℃计算弧垂，AACSR/HEST－500/280 导线弧垂 176m，ACMCC－490/50 导线弧垂 109m），可节约杆塔造价。

（3）ACMCC－490/50 导线线损较 AACSR/HEST－500/280 导线下降约 42%。

## 6.3 工程应用案例

已投运的部分 ACMCC 导线线路情况如下：

### 6.3.1 海南电网有限责任公司海口供电局 220kV 福丰Ⅰ线路

220kV 福丰Ⅰ线如图 6－1 所示，该线路更换钢芯铝绞线 LGJ－400/50 为 ACMCC 导线 JLRX1/JFB－320/40，更换线路长度 18.91km。线路改造前单回正常输送容量 66.3MVA，单回 $N-1$ 最大输送容量 256MVA；线路改造后要求达到正常输送容量 196MVA，极限输送情况下单相载流量达 1200A，即单回极限输送容量为 457MVA，通过增容改造，线路最大输送容量增加至原来的 1.78 倍。2013 年 7 月，该线路完成增容改造。

从各类耐热导线的比较结果来看，ACMCC 导线弧垂特性良好，在正常运行情况和 $N-1$ 最大输送容量情况的弧垂均小于原线路 JL/G1A－400/50 导线，

(a)

(b)

图 6-1 海南海口 220kV 福丰Ⅰ线

(a) 放线施工；(b) 投运线路

完全满足线路改造要求。所比选的殷钢芯耐热铝合金绞线 JNRLH3/LBY-315/55 在正常运行和 $N-1$ 时弧垂都略大于原线路 JL/G1A-400/50 导线弧垂，若要限值弧垂满足要求需选择更小截面型号；应力转移型特强钢芯软铝型线绞线 AF（SZ）S4A-315+41 的弧垂特性较差，在正常运行情况和极限运行情况下均大于原线路 JL/G1A-400/50 导线弧垂，若选取这种导线，则需拆除原线路部分杆塔，实施升高改造。

220kV 福丰Ⅰ线路更换 ACMCC 导线后，开展了 514、800、1000A 三种运行电流下的大负荷试验。试验过程中测量了导线温度、导线弧垂和相关金具（耐张线夹、接续管、引流线夹）的温度，导线和金具的温度基本一致，现场试验测到的温度小于拐点温度（100～110℃），ACMCC 导线弧垂在正常、极限运行状态下的弧垂值均小于原线路钢芯铝绞线弧垂；ACMCC 导线在正常运行下的温度为 64.2℃，在 $N-1$ 极限运行情况下的温度为 145.2℃。根据线路运行情况，线路最大运行电流为 690A，潜在的输送容量存有较大裕度。导线的运行可靠性也经历 2013 年 14 级强台风“尤特”、2014 年 17 级超强台风“威马逊”、2016 年 14 级强台风“莎莉嘉”等强风考验。2019 年 5 月，更换 220kV 福丰Ⅰ线 58～59 号的长度为 275m 的导线，经检验该导线常温拉力试验最小值 98.73kN，102.3%RTS（额定拉断力，rated tensile strength），满足不低于 95%RTS 的标准要求；更换下来的导线与金具外观完好无损，目视和显

微镜检验碳纤维芯与铝导线内表面，没有发生化学腐蚀。截至 2021 年 12 月，该 ACMCC 导线及配套金具已稳定运行 8 年 5 个月。

### 6.3.2 贵州电网有限责任公司六盘水供电局 220kV 红香Ⅰ回线路

220kV 红香Ⅰ回线路增容改造工程更换导线为增容导线，线路路径长 35km，线路设计覆冰厚度 10、20mm。线路原导线为 2×LGJ－240/40 钢芯铝绞线，所换增容导线为 2×JLRX1/F1B－240/40 ACMCC 导线。该线路增容改造后 $N-1$ 极限输送容量 600MW，单相长期允许载流量达 1750A。在满足导线弧垂要求下，通过综合比较建设投资和生命周期线路损耗费用，优选使用了 2×JLRX1/F1B－240/40 ACMCC 导线，在 $N-1$ 短时极限电流 1750A 下导线温度为 122℃。如图 6－2 所示，该线路地形复杂，山地起伏，转角较多，施工难度大，经严格规范的施工，于 2021 年 11 月改造投运。

图 6－2 贵州电网 220kV 红香Ⅰ回线路

### 6.3.3 广东电网有限责任公司佛山供电局 500kV 罗北乙线路

500kV 罗北乙线增容改造工程更换导线为增容导线，其中，长度为 1.098km 的线路更换为 JLRX1/JF1A－300/40 ACMCC 导线。线路原导线为 4×LGJ－300/40 钢芯铝绞线，$N-1$ 输送容量 1930MW，单相最大电流 2276A，通过更换增容导线，实现 $N-1$ 单相短时电流 4000A（导线温度 124℃），$N-1$ 短时输送容量达 3464MW。该线路是 ACMCC 导线首次成功应用于 500kV 线路，并于 2022 年 3 月改造投运。

### 6.3.4 波兰电力公司某 110kV 线路

波兰电力公司某 110kV 线路改造工程线路长度 39.2km，更换的导线型号为 ACMCC－177/40，如图 6－3 所示。该线路处于冰区（设计冰厚 19.2mm），于 2018 年 3 月投运，目前已稳定运行 4 年。

图 6－3 波兰 110kV 线路增容工程

### 6.3.5 蒙古国电力公司某 110kV 线路

蒙古国电力公司 110kV 线路改造工程线路长度 52.1km，更换的导线型号为 ACMCC－295/40。如图 6－4 所示。该线路处于重冰区（长期低温－40℃，设计冰厚 20mm），于 2019 年 9 月投运。

图 6－4 蒙古国 110kV 线路改造工程

### 6.3.6 印尼国家电力公司某 220kV 线路

印尼国家电力公司 150kV 巴登岛工程线路长度 2.478km，使用导线型号为 ACMCC－315/40。线路处于赤道附近，强烈的紫外线及强腐蚀海盐水蒸气等运行条件苛刻。该线路于 2017 年 11 月投运，目前已稳定运行 4 年。

# 参 考 文 献

[1] 贺福. 碳纤维及石墨纤维 [M]. 北京：化学工业出版社，2010.

[2] 益小苏. 复合材料手册 [M]. 北京：化学工业出版社，2009.

[3] 黄家康. 复合材料成型技术及应用 [M]. 北京：化学工业出版社，2011.

[4] 陈平，刘胜平，王德中，等. 环氧树脂及其应用 [M]. 北京：化学工业出版社，2011.

[5] 胡玉明. 环氧固化剂及添加剂 [M]. 北京：化学工业出版社，2011.

[6] 何州文，陈新，杨长龙，等. 碳纤维复合芯架空输电导线 [M]. 北京：中国电力出版社，2018.

[7] 陈原，等. 碳纤维复合芯导线及应用 [M]. 北京：中国电力出版社，2018.

[8] Y KONDO. High corrosion resistance of ACFR conductor. CIGRE - IEC 2019 Conference on EHV and UHV (AC & DC). April 23 - 26，2019.